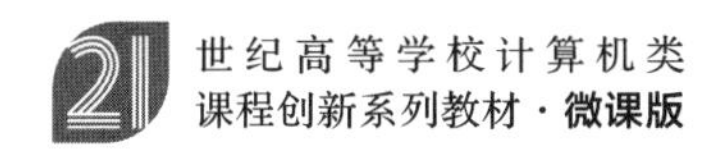

Java语言面向对象程序设计

第3版·微课视频版 实验指导与课程设计

马俊 郭明超 / 编著

清華大學出版社
北京

内 容 简 介

"面向对象程序设计(Java)课程设计"是为计算机相关专业开设的一门实验课程，该课程通过一系列编程类实验设计，使学生能熟练掌握Java语法、基础包中的常用类和方法；针对编程问题，能够运用面向对象思维进行分析、设计和代码实现。通过该课程的学习和实践，培养学生运用Java和面向对象程序设计思想来编程和解决实际问题，为后继课程的学习和今后在相关领域开展工作打下基础。

本书共14章，内容包含本地Java程序开发环境的搭建与云服务器(鲲鹏)开发环境的搭建、Java的基本语法练习、面向对象基本原理实践、输入输出流实验、多线程和数据集合的使用实验、基于云服务器的网络程序设计和数据库程序设计、基于Java的商用密码算法实验等。

本书的读者对象是全国高等院校的本科生(有意向学习面向对象程序设计技术)和研究生(云计算和大数据方向)。同时可供致力于掌握面向对象程序设计技术、Java和云计算的读者参考。

图书在版编目(CIP)数据

Java语言面向对象程序设计(第3版·微课视频版)实验指导与课程设计/马俊，郭明超编著.—北京：清华大学出版社，2023.1
21世纪高等学校计算机类课程创新系列教材：微课版
ISBN 978-7-302-61383-1

Ⅰ.①J… Ⅱ.①马… ②郭… Ⅲ.①JAVA语言－程序设计－高等学校－教学参考资料
Ⅳ.①TP312.8

中国版本图书馆CIP数据核字(2022)第124664号

责任编辑：陈景辉 薛 阳
封面设计：刘 键
责任校对：韩天竹
责任印制：朱雨萌

出版发行：清华大学出版社
网 址：http://www.tup.com.cn，http://www.wqbook.com
地 址：北京清华大学学研大厦A座 **邮 编**：100084
社 总 机：010-83470000 **邮 购**：010-62786544
投稿与读者服务：010-62776969，c-service@tup.tsinghua.edu.cn
质量反馈：010-62772015，zhiliang@tup.tsinghua.edu.cn
课件下载：http://www.tup.com.cn，010-83470236
印 装 者：三河市天利华印刷装订有限公司
经 销：全国新华书店
开 本：185mm×260mm **印 张**：13 **字 数**：316千字
版 次：2023年1月第1版 **印 次**：2023年1月第1次印刷
印 数：1～1500
定 价：49.90元

产品编号：094644-01

近年来，随着国际科研环境的变化，让我们看到我国科研和教育的弱势所在，高校的大学生在动手实践和系统编程方面还有很多短板。教育部目前实施的一系列改革措施，包括新工科教育改革、各种编程大赛和技能大赛的兴起，都表明我们未来的主要目标是培养大学生的动手实践能力。无论数据科学还是人工智能，编程是基础，所以培育大学生的实践编程技术是至关重要的。

本书主要内容

本书是与《Java 语言面向对象程序设计》（第 3 版 · 微课视频版）配套的实验指导教材，全书共 14 章。

第 1 章程序开发环境的搭建与测试，详细介绍在本地 Windows 平台或在华为云服务器上搭建 Java 开发环境与 Java 程序的编译运行方法。

第 2 章 Java 程序设计基础，内容包括 JDK 提供的开发工具、程序设计的基本结构和 Java 基础编程技巧、本地编程和华为鲲鹏云服务器编程的区别。

第 3 章面向对象设计基础——抽象和封装，内容包括对象和类的基本概念、面向对象设计原则中的抽象和封装、方法重载的概念和实现技巧、Java 中的数组概念和使用技巧、基本类型变量和引用变量的区别。

第 4 章面向对象设计基础——继承、多态和组合，内容包括继承原理和 Java 中的实现方式。

第 5 章面向对象程序设计进阶，内容包括类层次和对象层次的区别、抽象类和抽象方法的设计技巧、Interface 关键字和接口的基本概念。

第 6 章异常处理、日志和核心工具类使用，内容包括 Java 的面向对象方式异常处理机制，try、catch、throw、throws、finally 五个关键字的用法，常用的异常类，自定义异常类，日志的概念和日志的使用技术。

第 7 章输入输出流程序设计基础，内容包括 Java 中的输入输出流的基本概念和分类方式、常用的字节流类和字符流类的使用。

第 8 章多线程程序设计基础，内容包括 Java 中多线程的编程技巧，Thread 类和 Runnable 接口技术，Java 中多线程的生命周期。

第 9 章多线程程序设计进阶，内容包括 Java 中多线程的编程技巧、Java 线程优先级的使用方法、Java 多线程的同步和死锁、Java 线程间的通信技巧。

第 10 章数据结构和集合类使用，内容包括各种集合接口和集合类所代表的数据结构、常用的集合类（如 ArrayList、Stack、LinkedList、Hastable、TreeSet 等）的运用、泛型的概念和使用技巧。

第 11 章网络程序设计基础，内容包括 Java 中套接字编程技术、Java 中 URL 类及其相关类的使用。

第12章数据库程序设计基础，内容包括华为云使用数据库的两种方式、在华为鲲鹏云服务器上安装和运行MySQL、使用Java编写数据库程序的关键步骤。

第13章国家商用密码算法Java实验，内容包括SM4、SM3、SM2算法的使用方法。

第14章Web程序设计基础，内容包括Web程序的基本工作原理、Tomcat服务器的安装和配置、基于JSP技术的动态网站设计的初步技术。

本书特色

（1）体例完整，循序渐进。本书采用“验证→完成程序填空题→实现综合设计”的模式，由易到难、循序渐进地带领读者完成Java程序设计的编程实践。

（2）创新融入，智能基座。创新性地融合华为“智能基座”中Java程序设计和程序移植的内容，部分实验采用了华为鲲鹏云计算模式来实现。

（3）与时俱进，提升能力。结合国家商用密码算法设计Java程序设计实验，旨在培养和提高读者使用Java实现国家商用密码算法的能力。

配套资源

为便于教与学，本书配有微课视频（130分钟）、源代码、教学大纲、教学进度表。

（1）获取微课视频方式：读者可以先刮开并扫描本书封底的文泉云盘防盗码，再扫描书中相应的视频二维码，观看视频。

（2）获取源代码、全书网址、实验指导书（扩展版）方式：先扫描本书封底的文泉云盘防盗码，再扫描下方二维码，即可获取。

源代码

全书网址

实验指导书（扩展版）

（3）其他配套资源可以扫描本书封底的“书圈”二维码，关注后回复本书的书号即可下载。

读者对象

本书的读者对象是全国高等院校的本科生（有意向学习面向对象程序设计技术）和研究生（云计算和大数据方向）。同时可供致力于掌握面向对象程序设计技术、Java和云计算的读者参考。

在本书的编写过程中参考了诸多相关资料，在此向相关资料的作者表示衷心的感谢。

由于时间仓促，加上编者水平有限，书中难免存在粗浅疏漏或叙述欠严密之处，恳请读者批评指正。

编　者

2022年10月

目录

第1章 程序开发环境的搭建与测试

1.1 本地 Java 程序开发环境的搭建和测试

对于初学者，建议不要立即使用集成开发工具软件，而是使用最基础、最笨拙的方式来编程和调试，这有利于同学们建立正确的编程思路和理解程序的执行原理。本书可选择本地 Windows 平台或 Linux 平台做实验，也可以直接在云服务器上做实验。首先需要下载安装 JDK 开发包到目标平台上，最新开发包的下载地址详见前言二维码。

1.1.1 下载 JDK 并安装

下面以 JDK1.8.0_144 版本为例。假设本地为 Windows 10 操作系统，则从官网中选择 Windows 下的 JDK1.8.0_144 版本，首先将 JDK 开发包下载到本地，这里假定下载并安装到目录 C:\jdk1.8.0_144 的文件夹。下面设置环境变量，在电脑桌面上右击“我的电脑”，选择“属性”→“高级系统设置”选项，打开“系统属性”对话框，如图 1-1 所示。

图 1-1 “系统属性”对话框

选择“高级”选项卡，单击“环境变量”按钮，出现“环境变量”对话框，如图 1-2 所示。

在“系统变量”选项区中，选择 path 变量，单击“编辑”按钮，打开“编辑环境变量”对话框，然后单击“新建”按钮，将刚安装的 Java 目录中的 bin 子目录加到 path 变量中，path 变量值为“C:\JDK1.8.0_144\bin; C:\JDK1.8.0_144\jre\bin”，如图 1-3 所示，单击“确定”按钮返回“环境变量”对话框。

在“系统变量”选项区中，单击“新建”按钮，设置 classpath 变量，classpath 变量值为“.;C:\jdk1.8.0_144\lib\dt.jar; C:\jdk1.8.0_144\jre\lib\tools.jar”，注意有“.;”，“.”表示当前路径，classpath 变量值设置如图 1-4 所示，单击“确定”按钮返回“环境变量”对话框，单击“确定”按钮完成配置。

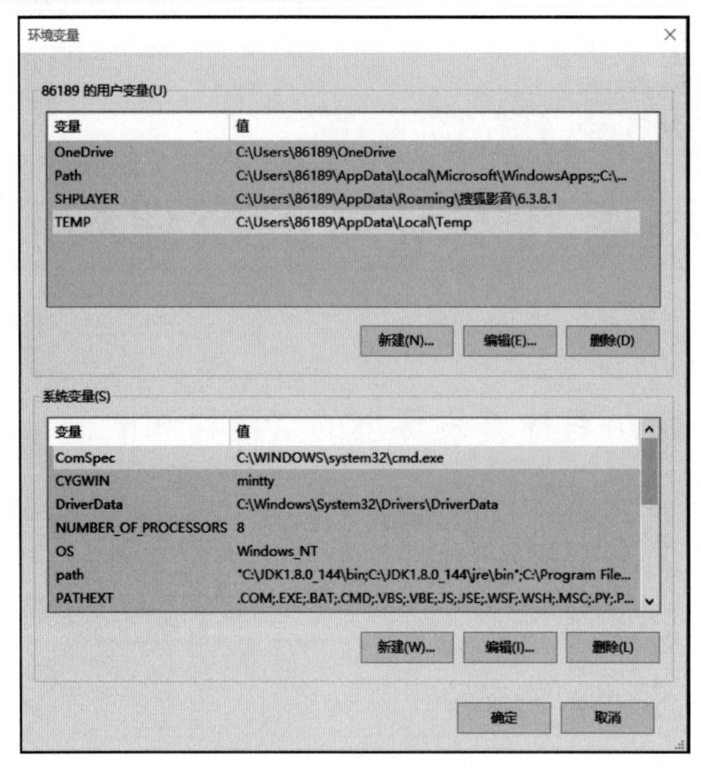

图 1-2 “环境变量”对话框

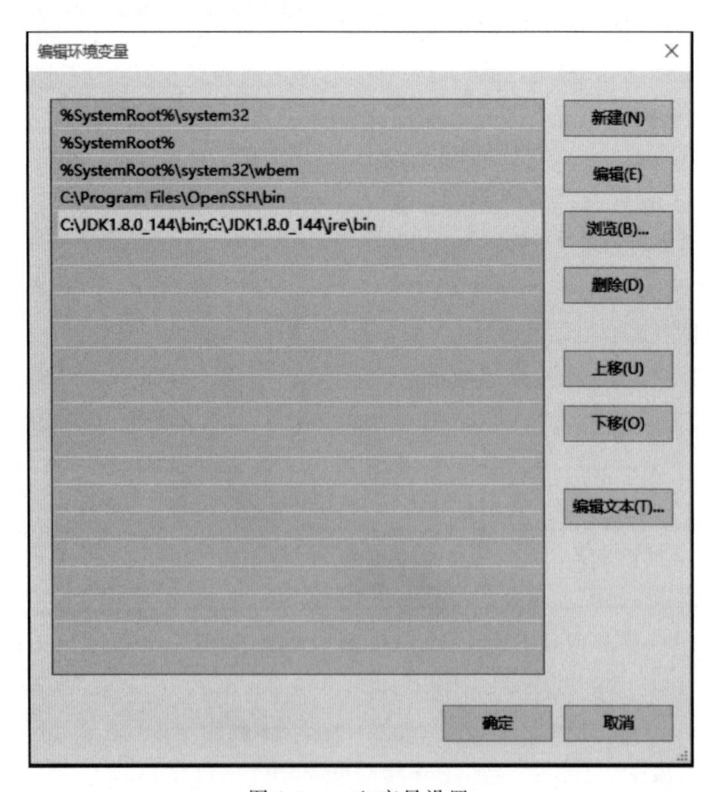

图 1-3 path 变量设置

编辑环境变量
.;C:\jdk1.8.0_144\lib\dt.jar;C:\jdk1.8.0_144\jre\lib\tools.jar
新建(N)
编辑(E)
浏览(B)...
删除(D)
上移(U)
下移(O)
编辑文本(T)...
确定
取消

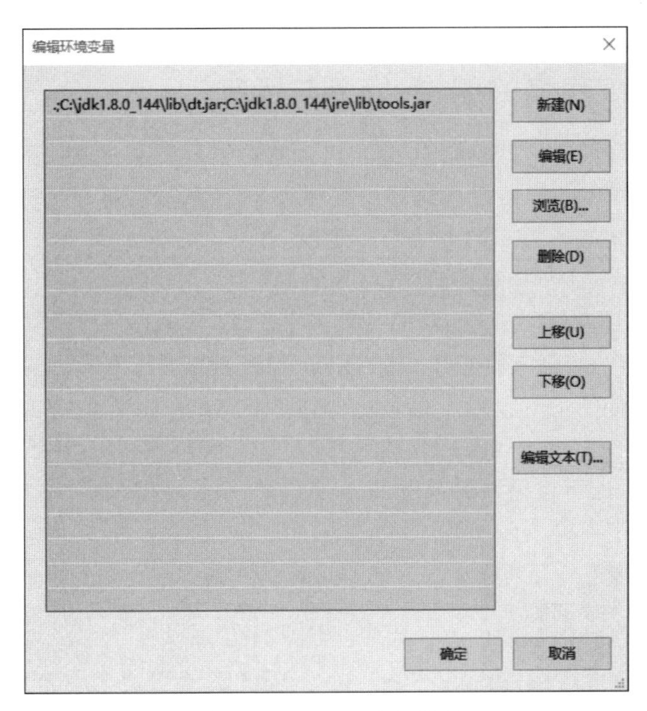

图 1-4　classpath 变量设置

检查 Java 运行环境配置是否正常。在电脑桌面上右击“开始”菜单，选择“运行”命令，输入 cmd 命令，按 Enter 键后就可以打开一个命令行窗口，分别输入 javac　-version 按 Enter 键和输入 java　-version，按 Enter 键，显示如图 1-5 所示，信息表明 Java 的开发环境配置成功。

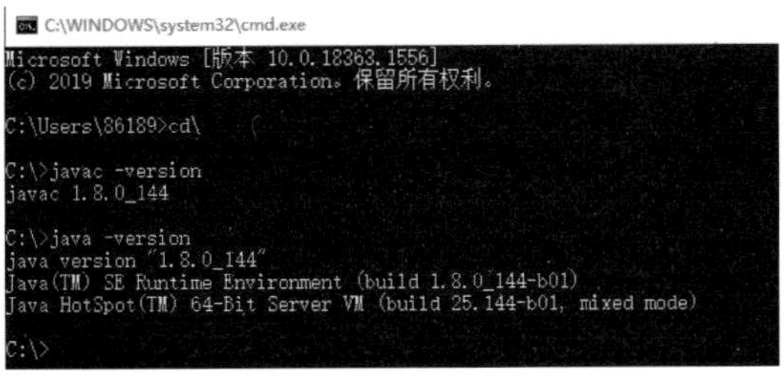

C:\WINDOWS\system32\cmd.exe
Microsoft Windows [版本 10.0.18363.1556]
(c) 2019 Microsoft Corporation。保留所有权利。
C:\Users\86189>cd\
C:\>javac -version
javac 1.8.0_144
C:\>java -version
java version "1.8.0_144"
Java(TM) SE Runtime Environment (build 1.8.0_144-b01)
Java HotSpot(TM) 64-Bit Server VM (build 25.144-b01, mixed mode)
C:\>

图 1-5　java、javac 成功执行信息界面

注意：还可以通过在命令行窗口中使用命令“Set 变量名＝值”来设置环境变量，通过使用“%变量名%”可以取到已经存在环境变量的值。

例如：

```
set path = %path%; C:\jdk1.8.0_144\bin;
set classpath = .;
```

其中，path 变量是操作系统使用的环境变量，用于设置可执行命令或程序的搜索路径列表；而 classpath 变量是 Java 编译器和虚拟机使用的环境变量，用来设置 Java 编译器和 Java 虚拟机搜索并装载字节码文件的路径列表。

至此，Windows 10 环境下 Java 程序的开发环境就已经搭建好了。

1.1.2 Java 程序的编辑、编译与运行

作为 Java 的学习者，首先要明白的是 Java 的平台无关性，最终程序的执行主要是由 JVM(Java 虚拟机)负责将 Java 字节码程序文件装入内存，然后解释执行。当碰到需要的类或对象时，再去动态地装入需要的类代码。使用 javac.exe 来编译 Java 源程序，使用 java.exe 来装入和运行 Java 字节码程序，具体过程如下所述。

建立一个专门用来练习 Java 实验的目录：首先，在 Windows 系统中找到“运行”命令，运行 cmd 命令，打开一个命令行窗口；然后用 md 建立实验目录，如 myjava 目录；再用 cd 命令转到此目录下，使用记事本软件 Notepad(或下载 Notepad＋＋)来编写 Java 源程序，如图 1-6 所示。

在记事本中输入以下代码并保存为 HelloWorld.java 文件，如图 1-7 所示。

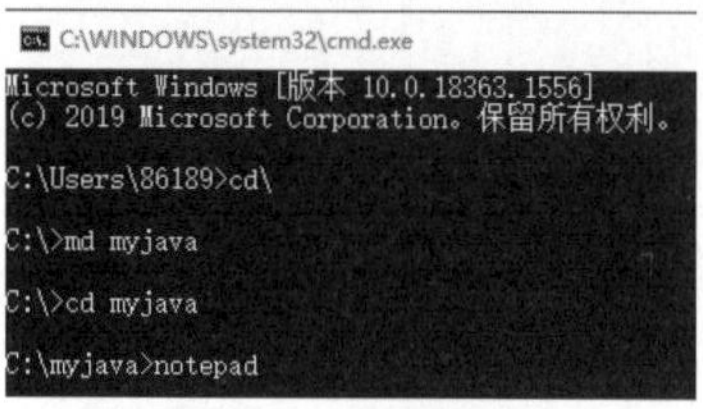

```
C:\WINDOWS\system32\cmd.exe
Microsoft Windows [版本 10.0.18363.1556]
(c) 2019 Microsoft Corporation。保留所有权利。

C:\Users\86189>cd\

C:\>md myjava

C:\>cd myjava

C:\myjava>notepad
```

图 1-6 使用 Notepad 编辑 Java 程序

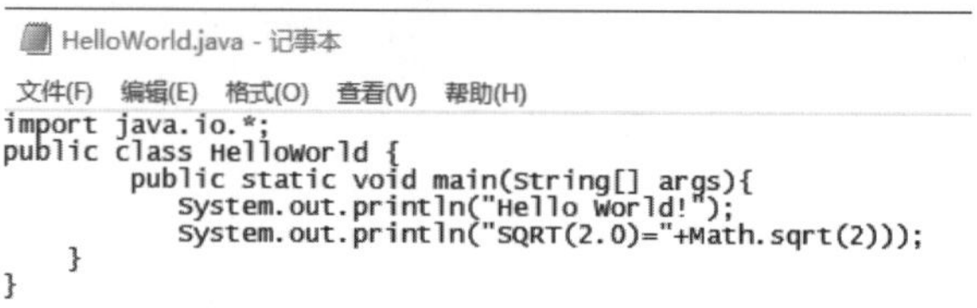

```
HelloWorld.java - 记事本
文件(F) 编辑(E) 格式(O) 查看(V) 帮助(H)
import java.io.*;
public class HelloWorld {
        public static void main(String[] args){
            System.out.println("Hello World!");
            System.out.println("SQRT(2.0)="+Math.sqrt(2));
    }
}
```

图 1-7 在记事本中编辑 HelloWorld 源程序

编写好 Java 源程序后，就可以使用 javac 将其编译为字节码文件，然后使用 Java 装入相应的字节码来运行程序。编译和运行 Java 程序，如图 1-8 所示。

HelloWorld.java 编译生成字节码文件，如图 1-9 所示。

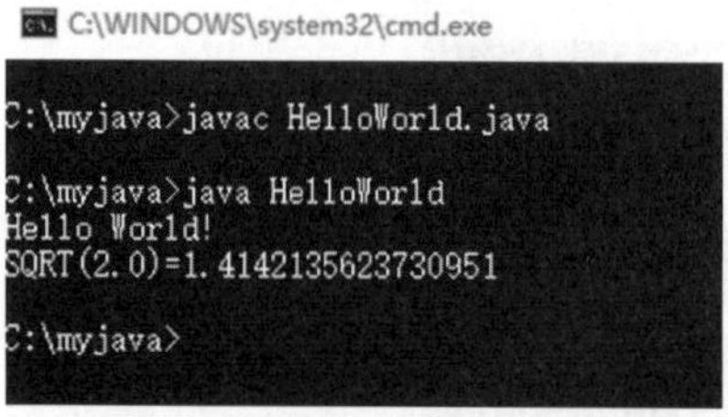

```
C:\WINDOWS\system32\cmd.exe
C:\myjava>javac HelloWorld.java

C:\myjava>java HelloWorld
Hello World!
SQRT(2.0)=1.4142135623730951

C:\myjava>
```

图 1-8 编译和运行 Java 程序

```
C:\myjava 的目录

2021/09/05  16:02    <DIR>          .
2021/09/05  16:02    <DIR>          ..
2021/09/05  16:04               715 HelloWorld.class
2021/09/05  16:02               191 HelloWorld.java
               2 个文件            906 字节
               2 个目录 348,060,459,008 可用字节
```

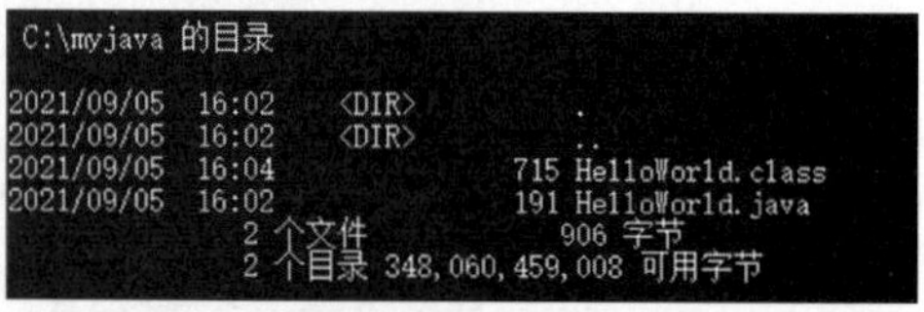

图 1-9 编译后生成的字节码文件

支持 Java 软件开发的集成开发工具很多，如 Eclipse、JetBrains 的 IDEA、NetBeans、BlueJ、JCreator、jEdit、DrJava、Android Studio、Visual Age for Java 等，这些工具都可以从其官网下载。读者在掌握前 6 章 Java 编程实验的基础上，可以使用 Java 免费学习版的集成开发工具 Eclipse 或 JetBrains 的 IDEA 进行后续实验的开发工作。

本书每章的实验基本上分三个部分，第一部分为验证性实验，主要为了巩固在课堂上学过的知识，输入代码，编译运行，然后查找相关资料(主要是 Java API 文档和课本)回答一些问题；第二部分为填空，主要训练读者阅读程序、理解程序的能力；第三部分为设计实验，要求读者在前面实验的基础之上，能够独立完成程序的设计，训练读者分析问题、解决问题的能力。

本书的实验是针对大多数读者的学习进度和智力水平设计的，一般都需要至少3个课时，所以读者应该在课下做好预习和准备工作，否则只靠实验课的时间会感觉到时间很紧张。

1.1.3　下载并安装 JDK 演示实例

从 JDK 的下载网站（详见前言二维码）中可以找到最新 JDK 的演示和示例程序包。例如，JDK-8u20 的下载资源包如图 1-10 所示。

Java SE Development Kit 8u20 Demos and Samples Downloads

Java SE Development Kit 8u20 Demos and Samples Downloads are released under the Oracle BSD License.

Product / File Description	File Size	Download
Linux x86	58.65 MB	jdk-8u20-linux-i586-demos.rpm
Linux x86	58.49 MB	jdk-8u20-linux-i586-demos.tar.gz
Linux x64	58.71 MB	jdk-8u20-linux-x64-demos.rpm
Linux x64	58.56 MB	jdk-8u20-linux-x64-demos.tar.gz
Mac OS X	59.22 MB	jdk-8u20-macosx-x86_64-demos.zip
Solaris SPARC 64-bit	13.57 MB	jdk-8u20-solaris-sparcv9-demos.tar.Z
Solaris SPARC 64-bit	9.28 MB	jdk-8u20-solaris-sparcv9-demos.tar.gz
Solaris x64	13.5 MB	jdk-8u20-solaris-x64-demos.tar.Z
Solaris x64	9.22 MB	jdk-8u20-solaris-x64-demos.tar.gz
Windows x86	60.33 MB	jdk-8u20-windows-i586-demos.zip
Windows x64	60.43 MB	jdk-8u20-windows-x64-demos.zip

图 1-10　JDK 官方提供的演示和示例程序包

选择自己的平台下载，下载后解压到相应的目录中，如图 1-11 所示。

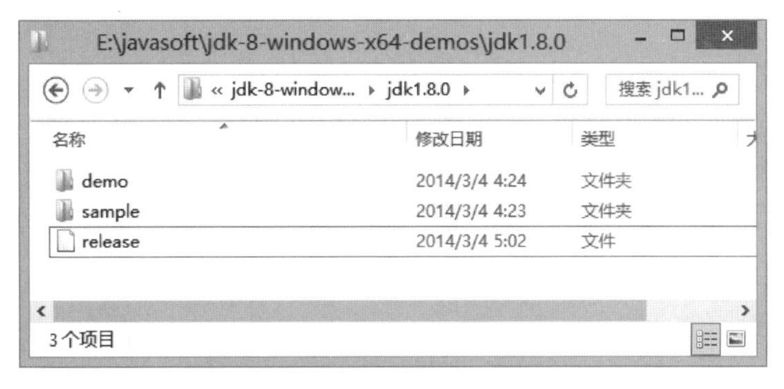

图 1-11　解压之后的目录

在 demo 子目录中有很多非常好的演示程序，并且提供源代码。读者可以在不同的子目录中找到很多演示程序，其中在 demo\jfc 目录中有大量的有关 Java 最新图形包 swing 开发的各种示例程序。例如，在 SwingSet2 中演示了各种基本组件和窗口组件的使用；在 Java 2D 中给出了大量有关图形图像的示例程序。在相应的子目录中找到扩展名为.jar 的文件（Java 的一种应用程序包，是压缩文件），双击或右击选择“执行”命令，即可执行程序，其中 SwingSet2 的程序运行截图如图 1-12 所示。

所有演示程序对应的源程序一般都在对应目录中，用 src.zip 以压缩文件的方式保存，感兴趣的读者可以解压后研究学习。

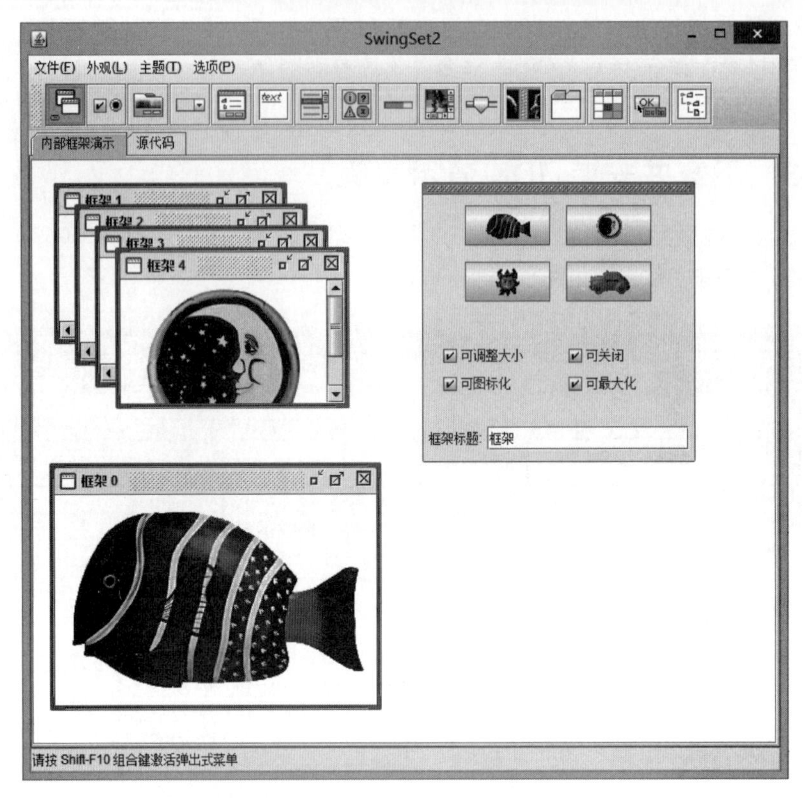

图 1-12　SwingSet2 的程序运行截图

1.1.4　访问并下载及解压 Java API 文档

Java API 文档是 Java 程序员手头必备的电子文档，如图 1-13 所示。

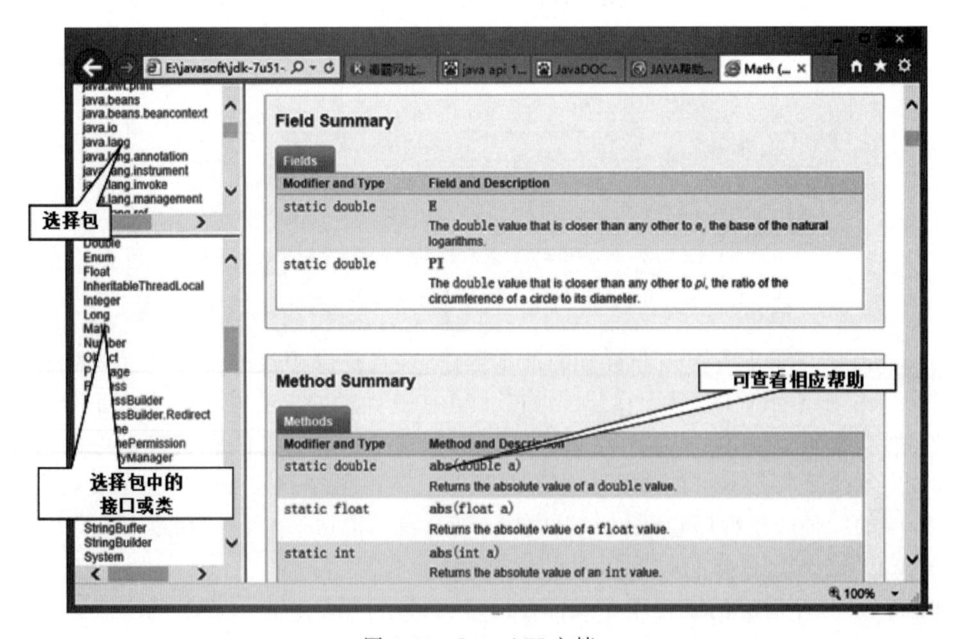

图 1-13　Java API 文档

建议读者下载一份压缩包并保存在自己的U盘中，这样就可以随时查看和学习了，其下载网址详见前言二维码。

1.2　华为鲲鹏云服务器开发环境的搭建

视频讲解

本实验主要介绍Java程序在鲲鹏云服务器openEuler上编译以及运行。通过本实验，读者将掌握如何在鲲鹏云服务器上编写和编译Java程序，熟悉在openEuler下编写和运行Java程序。

1.2.1　实验目的和实验规划

（1）掌握如何购买和操作云服务器。

（2）掌握如何上传、编写和编译Java程序。

（3）熟悉Java程序在鲲鹏平台下运行。

本实验需要用到一台鲲鹏架构下装有openEuler操作系统的虚拟机，要求虚拟机配置为2vCPUs|4GB RAM|40GB ROM，且有公网IP。

1.2.2　购买云服务器

购买云服务器的具体操作步骤如下。

（1）打开华为公有云网页，单击右上角的“登录”按钮，在登录窗口中输入账号、密码，单击“登录”按钮，登录华为公有云。

（2）选择“产品”→“基础服务”→“虚拟私有云VPC”选项。

（3）选择“访问控制台”选项，进入网络控制台“虚拟私有云”页面。在网络控制台“虚拟私有云”页面中，单击右上角的“创建虚拟私有云”按钮，如图1-14所示。

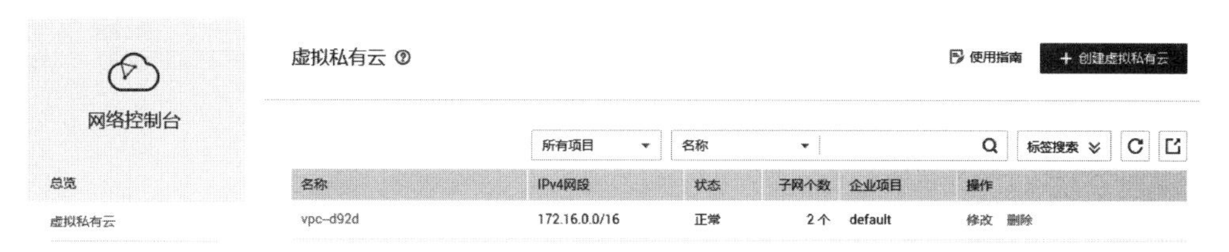

图1-14　创建虚拟私有云

（4）按照表1-1配置虚拟私有云属性，然后单击右下角的“立即创建”按钮。

表1-1　虚拟私有云参数配置

参数	配置	参数	配置
区域	华北-北京市	名称	vpc-test
网段	192.168.1.0/24	子网可用区	可用区1
子网名称	subnet-test	子网网段	192.168.1.0/24

（5）展开网络控制台左侧列表中的访问控制，选择“安全组”选项，进入“安全组”页面，使用默认安全组即可，如图1-15所示。

图 1-15　选择安全组

（6）选择“服务列表”→“计算”→“弹性云服务器 ECS”选项，进入云服务器控制台的“弹性云服务器”页面，如图 1-16 所示。

图 1-16　选择弹性云服务器 ECS

（7）单击“购买弹性云服务器”按钮，如图 1-17 所示，购买一台弹性云服务器，参数配置参考如表 1-2 所示。

图 1-17　购买弹性云服务器

“计费模式”选择“按需计费”（非常重要），“可用区”选择“随机分配”，如图 1-18 所示。

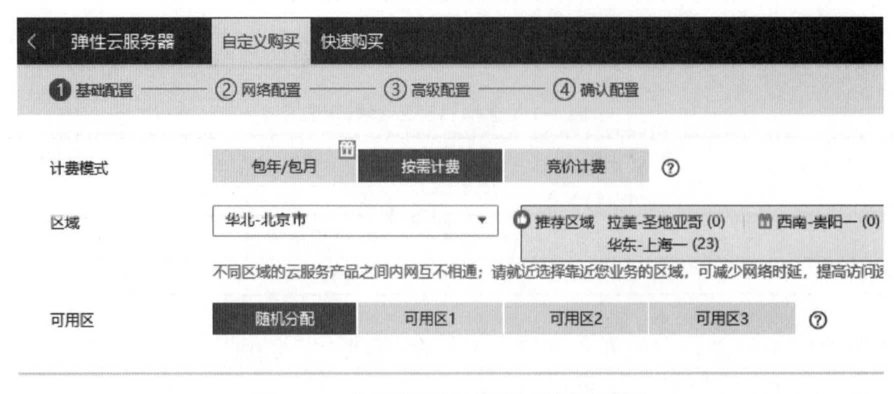

图 1-18　选择“按需计费”和“随机分配”

表 1-2　弹性云服务器参数配置参考

参　　数	openEuler 配置
计费模式	按需计费
区域	华北-北京四
CPU 架构	鲲鹏计算
规格	kc1. large. 2 ｜ 2vCPUs ｜ 4GB
公共镜像	openEuler 20. 03 64bit with ARM(40GB)
系统盘	高 I/O,40GB
网络	vpc-test ｜ subnet-test ｜ 手动分配 IP 地址 ｜ 192. 168. 1. 20
安全组	sg-test
弹性公网 IP	现在购买
路线	全动态 BGP
公网带宽	按流量计费
带宽大小	5Mbp/s
云服务器名称	openEuler
登录凭证	密码
用户名	root
密码/确认密码	自行设置密码,要求 8 位以上且包含大小写字母、数字、特殊字符中 3 种以上字符
云备份	暂不购买

选择 CPU 架构和操作系统,如图 1-19 所示。

图 1-19　选择 CPU 架构和操作系统

(8) 单击“下一步：配置网络”按钮，配置网络，如图 1-20 所示。

图 1-20 配置网络

选择带宽大小，如图 1-21 所示。

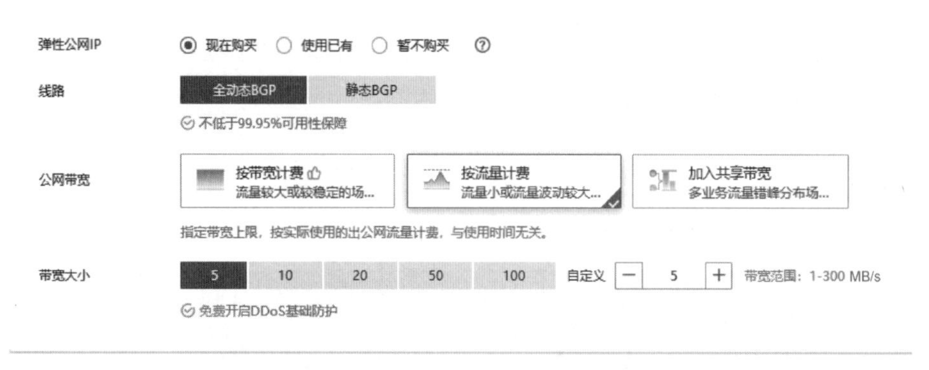

图 1-21 选择带宽(选择按流量计费)

(9) 单击“下一步：高级配置”按钮，进行高级配置，如图 1-22 所示。

(10) 单击“下一步：确认配置”按钮，选中“我已经阅读并同意《华为镜像免责声明》”复选框，单击“立即购买”按钮，如图 1-23 所示。

(11) 购买完成后，单击“返回云服务器列表”按钮，查看购买的服务器状态信息。同时也可以在云服务器列表中看到该弹性云服务器的弹性公网 IP 地址，如图 1-24 所示。

1.2.3 环境登录验证

环境登录验证的具体操作步骤如下。

(1) 打开电脑上的 PuTTY 工具，单击红色方框内的图标新建会话。如果没有安装 PuTTY 工具，请先下载和安装，下载网址详见前言二维码。

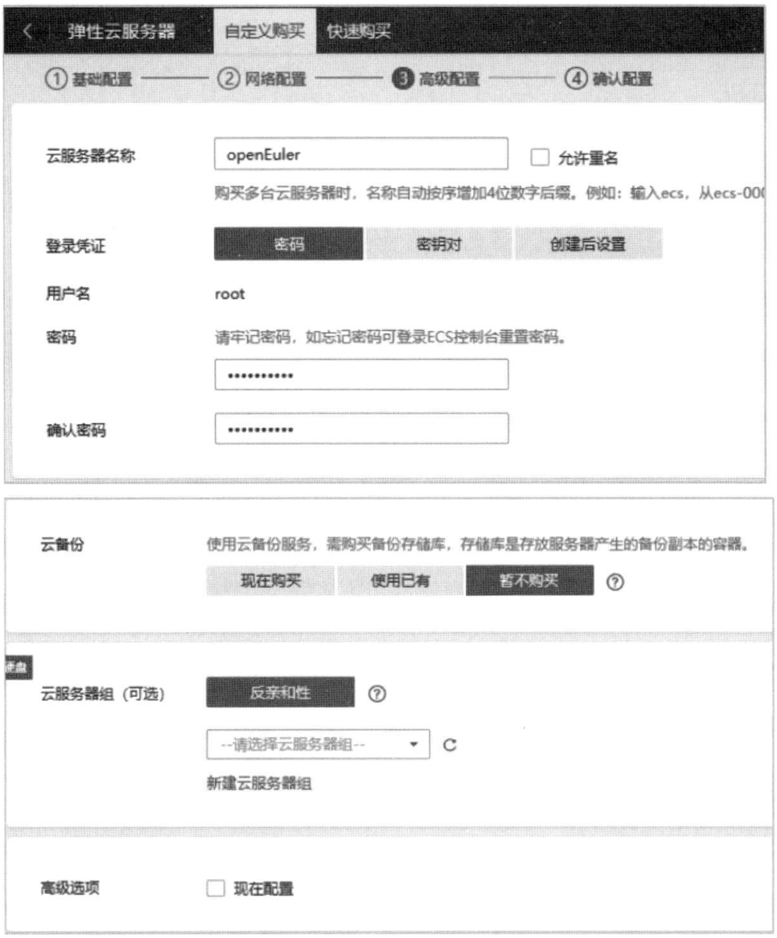

弹性云服务器
自定义购买
快速购买
① 基础配置
② 网络配置
③ 高级配置
④ 确认配置
云服务器名称
openEuler
允许重名
购买多台云服务器时，名称自动按序增加4位数字后缀。例如：输入ecs，从ecs-00
登录凭证
密码
密钥对
创建后设置
用户名
root
密码
请牢记密码，如忘记密码可登录ECS控制台重置密码。
确认密码
云备份
使用云备份服务，需购买备份存储库，存储库是存放服务器产生的备份副本的容器。
现在购买
使用已有
暂不购买
云服务器组（可选）
反亲和性
--请选择云服务器组--
新建云服务器组
高级选项
现在配置

图 1-22　高级配置

弹性云服务器
自定义购买
快速购买
放心购
灵活调整
① 基础配置
② 网络配置
③ 高级配置
④ 确认配置
配置
基础配置
计费模式
按需计费
地域
北京市
可用区
可用区1
规格
鲲鹏通用计算增强型 | kc...
镜像
openEuler 20.03 64bit ...
系统盘
高IO,40GB
网络配置
虚拟私有云
vpc-default(192.168.0.0...
安全组
Sys-WebServer
主网卡
subnet-default(192.168...
弹性公网IP
全动态BGP | 计费方式: 按...
高级配置
云服务器名称
openEuler
登录凭证
密码
云服务器组
--
企业项目
default
购买数量
1
您还可以创建484台云服务器。申请更多云服务器配额请单击申请扩大配额。
协议
我已经阅读并同意《华为镜像免责声明》
配置费用 ¥0.3196/小时 + 弹性公网IP流量费用 ¥0.80/GB
参考价格，具体扣费请以账单为准。了解计费详情
上一步
立即购买
咨询·反馈

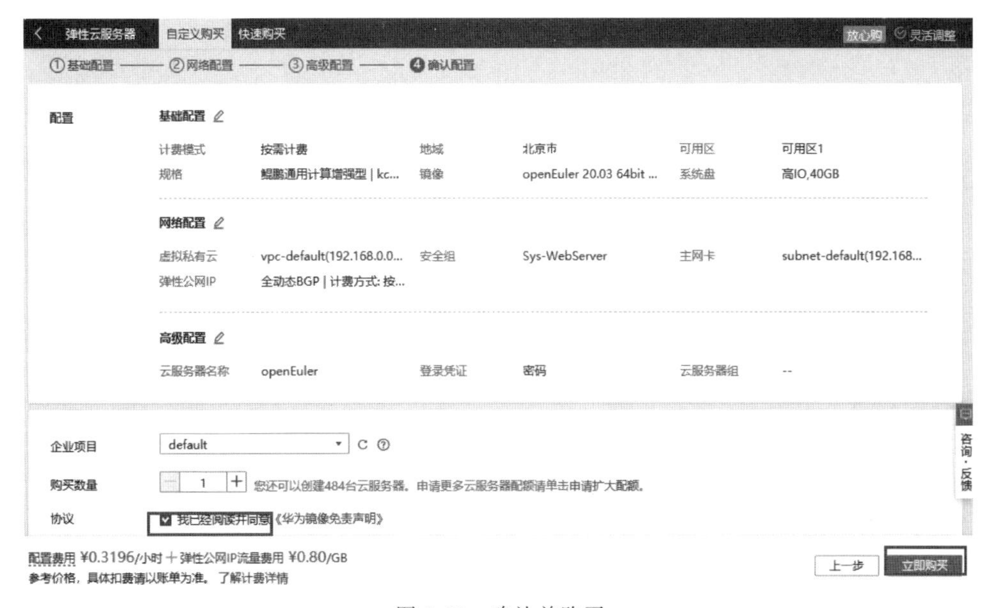

图 1-23　确认并购买

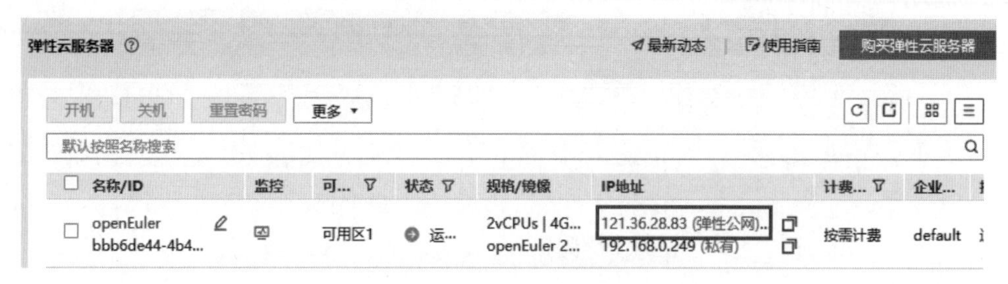

图 1-24 购买完成并返回

安装后,启动 PuTTY 工具,界面如图 1-25 所示。

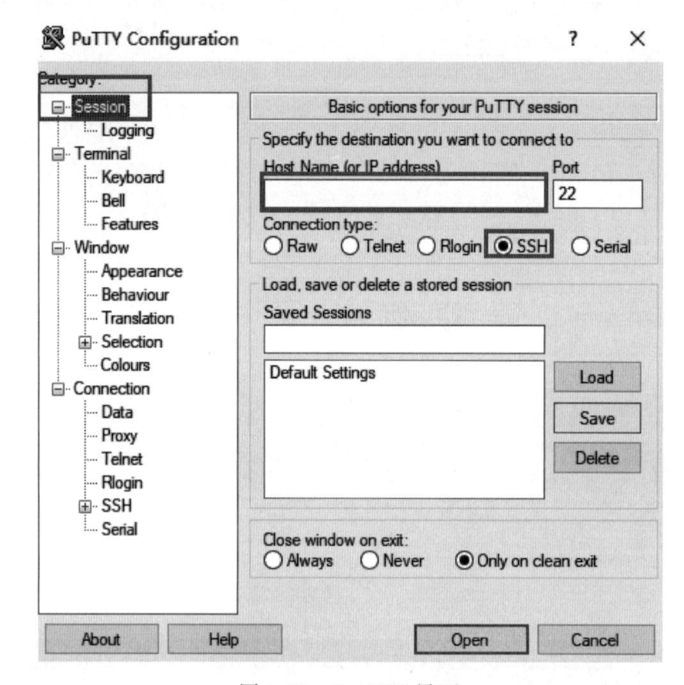

图 1-25 PuTTY 界面

(2)单击 PuTTY 软件界面左上角的 session 选项,在 Host Name for IP address 会话框内填写已申请的弹性公网 ip,单击 Open 按钮,远程连接 ip。

(3) 进行身份验证设置,如图 1-26 所示,在 login as 中输入用户名 root,password 请输入购买 ECS 时设置的密码,单击"确定"按钮,出现 Welcome to Huawei Cloud Service 表示连接成功。

(4) 验证是否具有 Java 环境,输入 java-version 命令。

```
[root@ecs - 32ec ~]# java  - version
openjdk version "1.8.0_242"
OpenJDK Runtime Environment (build 1.8.0_242 - b08)
OpenJDK 64 - Bit Server VM (build 25.242 - b08, mixed mode)
[root@ecs - 32ec ~]#
```

从显示结果可看出本实验采用的是 openjdk version 1.8.0_242 的环境。

```
login as: root
Pre-authentication banner message from server:
|
| Authorized users only. All activities may be monitored and reporte
End of banner message from server
root                's password:

     Welcome to Huawei Cloud Service

Last login: Tue Aug  4 09:19:54 2020 from 119.3.119.20

Welcome to 4.19.90-2003.4.0.0036.oe1.aarch64

System information as of time:  Tue Aug  4 09:20:35 CST 2020
```

图 1-26　输入用户名和密码

1.2.4　在云服务器上编写和编译 Java 程序

在云服务器上编写和编译 Java 程序的具体操作步骤如下。

(1) 在 ECS 主机上新建 Java 目录，输入命令：mkdir java。

(2) 改变目录：cd java。

(3) 然后用 vi 或 vim 直接编写 HelloWorldkp.java 源程序，如图 1-27 所示。

```
[root@kp-test test]# mkdir java
[root@kp-test test]# cd java
[root@kp-test test]# vim HelloWorldkp.java
```

```
124.70.66.251 - PuTTY
class HelloWorldkp{
    public static void main(String args[]){
        System.out.println("Hello, 鲲鹏");
        System.out.println("今天是:"+new java.util.Date());
    }
}
                                             4,47-51        All
```

图 1-27　vim 界面

(4) 存盘后进行远程编译、运行，然后查看远程执行输出结果，如图 1-28 所示。

```
124.70.66.251 - PuTTY
[root@lzumajun java]# ls
HelloWorldkp.class  HelloWorldkp.java
[root@lzumajun java]# java HelloWorldkp
Hello, 鲲鹏
今天是:Tue Mar 09 17:12:07 CST 2021
[root@lzumajun java]#
```

图 1-28　远程执行输出结果

```
[root@lzumajun java]# javac HelloWorldkp.java
[root@lzumajun java]# ls
HelloWorldkp.class HelloWorldkp.java
[root@lzumajun java]#
```

1.2.5 程序移植测试

程序移植分为两种，一种是源代码级移植，一种是目标代码移植。Java 的目标是一次写入，随处运行(Write Once Run Anywhere)，它采用了字节码作为一种中介码存储程序，而字节码是平台无关的，只要在目标平台上安装了相应的 JVM，Java 字节码程序就可以直接运行。

下面分别来测试一下：第一个实验是把在本地编译好的字节码程序上传到鲲鹏云服务器上，直接运行；第二个实验是把鲲鹏云服务器上的源程序下载到本地，在本地编译并运行。文件的传输工具很多，此处推荐使用 winscp，winscp 的下载网址详见前言二维码。

从 WinSCP 官网下载并安装好软件后，打开 WinSCP 软件出现连接远程服务器界面，如图 1-29 所示，输入远程服务器的用户名和密码，单击 Login 按钮登录。

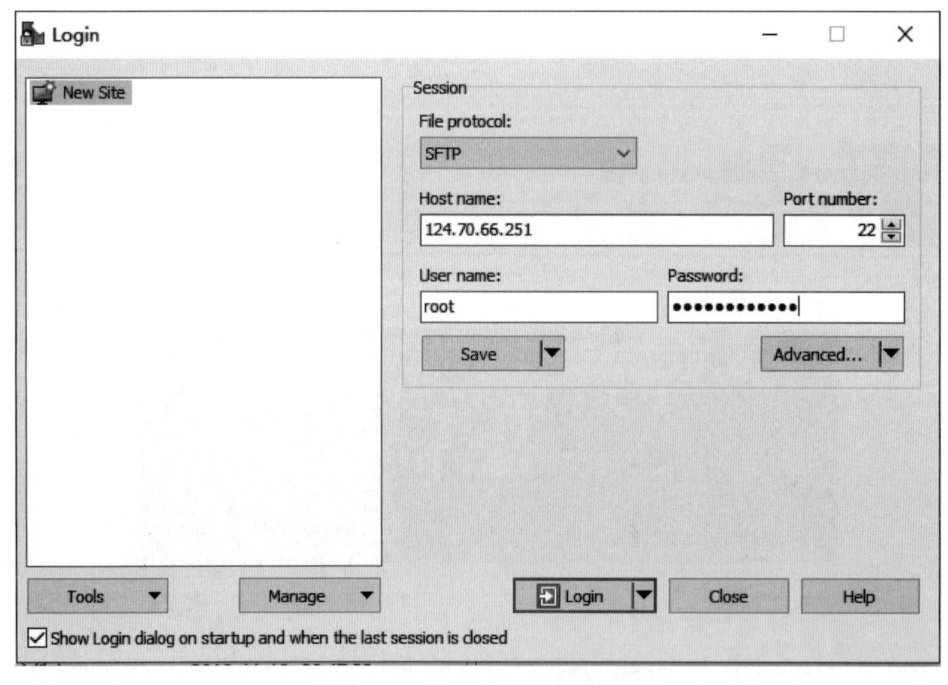

图 1-29 WinSCP 软件登录界面

把本地计算机上的 HelloWorld.class 上传到鲲鹏云服务器上前面创建好的 java 目录中，然后直接用服务器上的 Java 执行，查看执行效果是否和本地相同。首先打开 WinSCP 软件运行界面，如图 1-30 所示。

界面左侧是本地计算机 D:\myjava2021 目录，右侧是鲲鹏云服务器上的/root/java 目录，可以直接把左侧的文件拖到右侧空白处，即完成上传文件，这时会弹出如图 1-31 所示的对话框。

myjava2021 - root@124.70.66.251 - WinSCP
Local Mark Files Commands Session Options Remote Help
Synchronize
Queue
Transfer Settings Default
root@124.70.66.251
New Session
D: 本地磁盘
java
Find Files
Upload
Edit
Properties
New
Download
D:\myjava2021\
/root/java/
Name Size Type Changed
Parent directory 2021-2-21 14:35:41
HelloWorld.class 1 KB Java程序文件 2021-3-9 18:03:18
HelloWorld.java 1 KB JAVA 文件 2021-3-9 18:03:12
Name Size Changed Rights Owner
.. 2021-3-9 17:09:42 r-xr-x--- root
HelloWorldkp.class 1 KB 2021-3-9 17:10:21 rw------- root
HelloWorldkp.java 1 KB 2021-3-9 17:09:42 rw------- root
0 B of 899 B in 0 of 2
0 B of 883 B in 0 of 2
SFTP-3
0:02:11

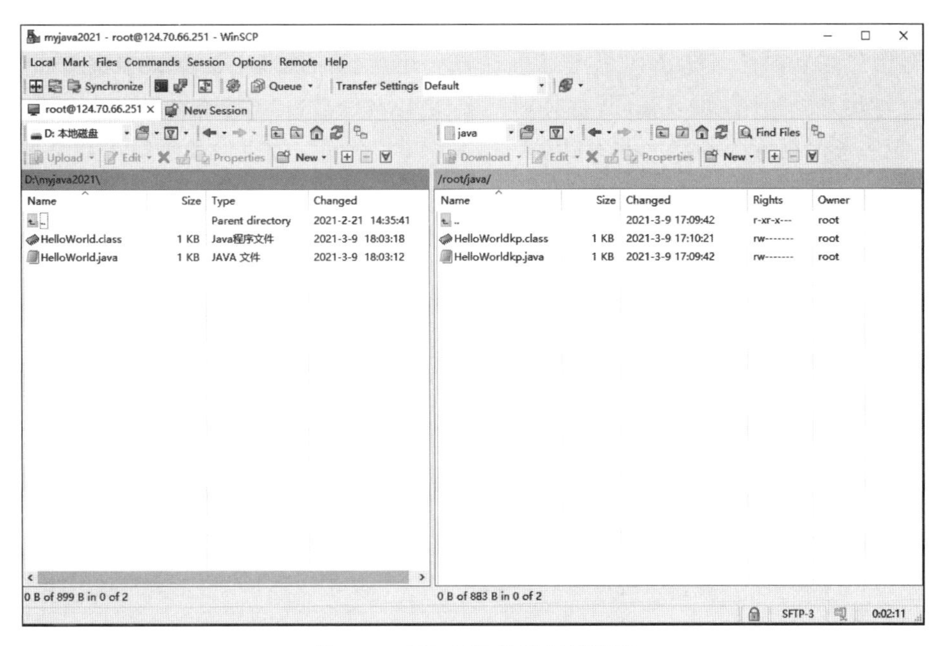

图 1-30　WinSCP 软件运行界面

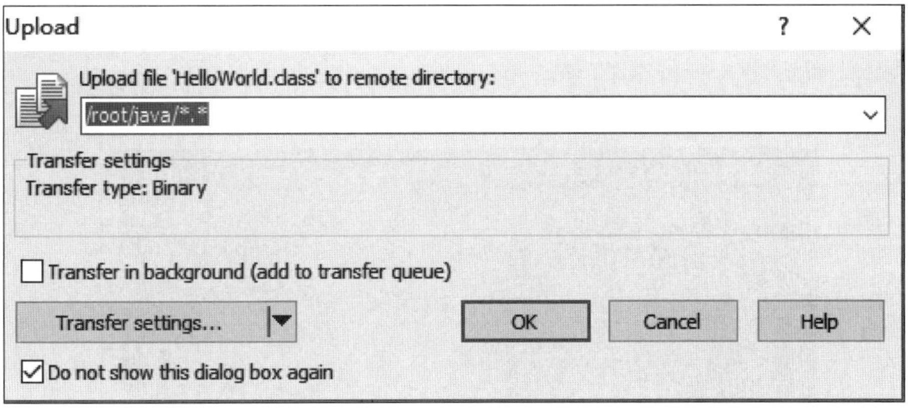

Upload
Upload file 'HelloWorld.class' to remote directory:
/root/java/*.*
Transfer settings
Transfer type: Binary
Transfer in background (add to transfer queue)
Transfer settings...
OK
Cancel
Help
Do not show this dialog box again

图 1-31　上传文件

在 PuTTY 的终端中，使用 ls 命令查看文件是否上传成功，然后使用 java HelloWorld 直接运行，查看运行结果，如图 1-32 所示。

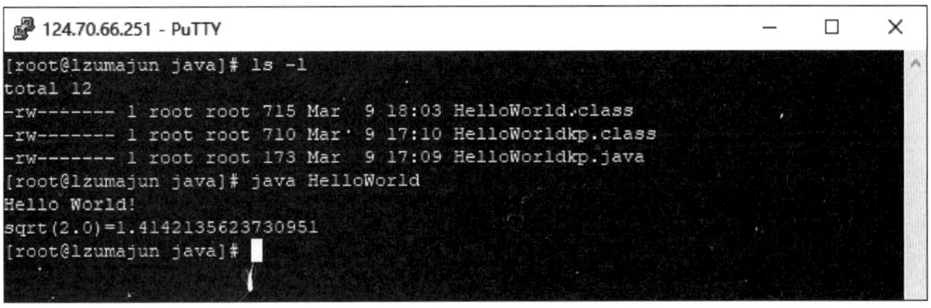

124.70.66.251 - PuTTY
[root@lzumajun java]# ls -l
total 12
-rw------- 1 root root 715 Mar 9 18:03 HelloWorld.class
-rw------- 1 root root 710 Mar 9 17:10 HelloWorldkp.class
-rw------- 1 root root 173 Mar 9 17:09 HelloWorldkp.java
[root@lzumajun java]# java HelloWorld
Hello World!
sqrt(2.0)=1.4142135623730951
[root@lzumajun java]#

图 1-32　在远程终端测试是否上传成功

（2）测试源程序的移植性(此处将源文件从服务器下载到本地)。

将源程序复制到目标机器上,需要重新编译。注意目标机器上的默认字符集和原机器使用的字符集是否相同,如果不同,编译时需要带上-encoding“字符集”参数。和前面同样的操作,把右侧鲲鹏云服务器上的 HelloWorldkp.java 拖到左侧空白处进行下载文件,这时会弹出如图 1-33 所示的对话框。

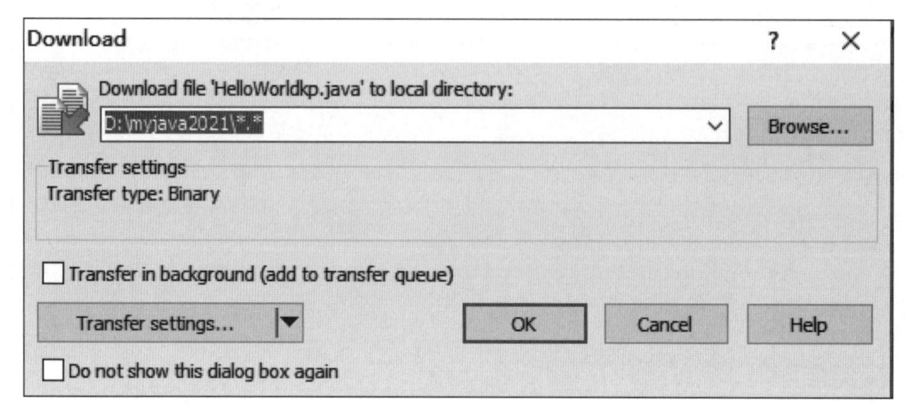

图 1-33　下载文件

在本地用 cmd 打开命令行窗口,使用 dir 命令查看文件下载是否成功。在本地使用 javac -encoding utf8 HelloWorldkp.java;命令编译,再使用 java HelloWorldkp 命令运行,如图 1-34 所示,查看运行结果。

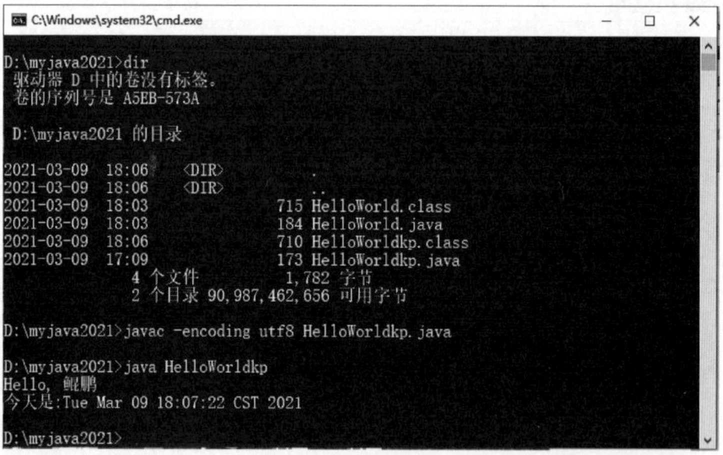

```
C:\Windows\system32\cmd.exe

D:\myjava2021>dir
 驱动器 D 中的卷没有标签。
 卷的序列号是 A5EB-573A

 D:\myjava2021 的目录

2021-03-09  18:06    <DIR>          .
2021-03-09  18:06    <DIR>          ..
2021-03-09  18:03               715 HelloWorld.class
2021-03-09  18:03               184 HelloWorld.java
2021-03-09  18:06               710 HelloWorldkp.class
2021-03-09  17:09               173 HelloWorldkp.java
               4 个文件          1,782 字节
               2 个目录 90,987,462,656 可用字节

D:\myjava2021>javac -encoding utf8 HelloWorldkp.java

D:\myjava2021>java HelloWorldkp
Hello, 鲲鹏
今天是:Tue Mar 09 18:07:22 CST 2021

D:\myjava2021>
```

图 1-34　在本地编译运行

完成这两个实验后,WinSCP 的运行界面截图如图 1-35 所示。

做完实验后,一定要通过华为云控制台关闭远程服务器,否则会一直扣费。关闭远程服务器的操作如图 1-36 所示,选择“更多”→“关机”选项,系统弹出对话框,如图 1-37 所示,选中“强制关机”复选框,单击“是”按钮即可。

后面章节中的实验涉及上传、下载或直接在鲲鹏云服务器上编写文件,均可参考本节内容。

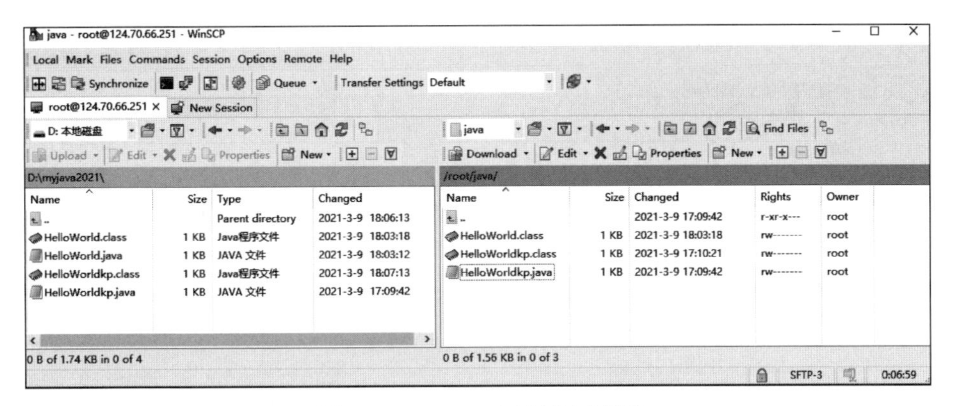

图 1-35　WinSCP 运行界面截图

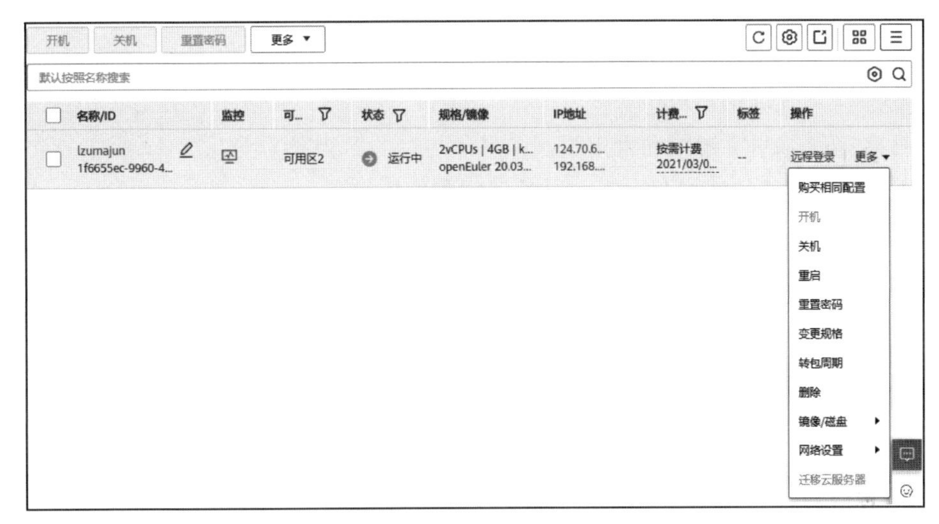

图 1-36　选择“更多”菜单

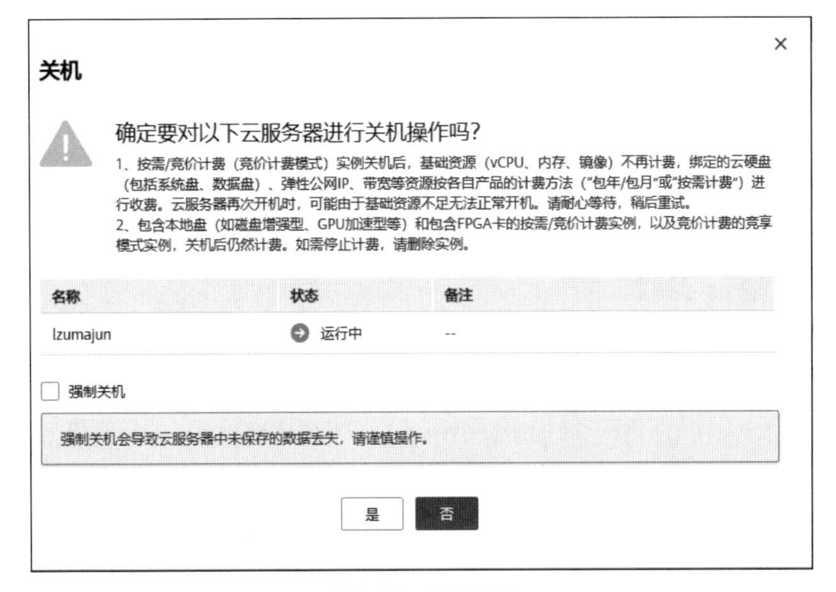

图 1-37　强制关机

Java程序设计基础

2.1 实验目的

- 熟悉 JDK 提供的开发工具，以及如何使用它们开始编程，并掌握程序设计的基本结构和 Java 基础编程技巧。
- 熟悉 Java 基本关键字和常用类。
- 进一步理解本地编程和鲲鹏云服务器编程的区别。

2.2 相关知识

程序设计语言是程序员写出一个好程序的基本工具，它提供了和计算机沟通所需的关键字、控制结构以及抽象机制、组织原则。本书所介绍的是 Java 程序设计语言，包括如何使用 Java 程序设计语言的基本语法、面向对象抽象技巧、程序建模技巧等内容。主要目标是通过大量的代码阅读训练和设计训练使读者实现从问题抽象转换到代码设计，提升分析问题和解决实际问题的能力。

按照第 1 章介绍的知识，设置好环境变量后，建立 shiyan2 子目录，将本实验所需的素材以及编写的源代码都放在本目录下，后面的实验也是一样的，不再赘述。在鲲鹏云服务器上，通过 PuTTY 和 WinSCP 完成同样的工作，读者可以根据兴趣和需要，选择在本地做实验还是在远程鲲鹏服务器上做实验。

2.3 实验内容

2.3.1 验证实验

视频讲解

(1) 顺序结构应用程序运行测试。应用程序是在操作平台的 JVM 上直接执行的程序。

① 在记事本(或任意一款文本编辑器)中输入以下代码并以 Shiyan2_1_1.java 存盘。

② javac Shiyan2_1_1.java 编译生成 Shiyan2_1_1.class 字节码文件。

③ java Shiyan2_1_1 执行 Shiyan2_1_1 类，查看程序执行结果，并填空。

```
public class Shiyan2_1_1 {
    public static void main(String[ ] args){
```

```
        System.out.println("已经知道地球平均半径 6370.856km");
        System.out.println("也知道公认的地球质量为 5.98×10^24 kg");
        System.out.println("就可以使用数学公式计算地球的平均密度为: ");
        double radius = 6.370856E6;        //定义存储半径的浮点型变量,用科学计数法
        double mass = 5.98E24;             //定义存储质量的浮点型变量
        double volume = 4 * Math.PI * Math.pow(radius,3)/3;
                                           //球的体积公式,注意数学公式在程序中的变换,用到
                                           //了 Math 类中的常量和方法
        double density = mass/volume;      //计算平均密度
        System.out.print(density + "(千克/立方米)");    //输出数据
    }
}
```

解释 public class Shiyan2_1_1 的含义________________。

计算 main()方法中定义变量总共消耗了多少字节的内存：____________。

解释程序的顺序结构________________。

(2) 命令行参数测试实验。执行程序时在命令行中输入的参数称为命令行参数，在 Java 中命令行参数是以字符串的形式传给 main()方法中的形参数组的。

① 用记事本输入以下代码并以 paramtest.java 存盘，用 javac paramtest.java 编译。

② 用 java ParamTest [姓名] [学号] 运行查看结果并填空(注：输入自己的真实姓名和学号，输入时不要输入方括弧)。

```
public class ParamTest {
    public static void main(String args[]) {
        System.out.println("\n 第一个参数是: " + args[0]);
        System.out.println("\n 第二个是: " + args[1]);
    }
}
```

解释(String args[])的含义____________________。

写出程序的执行结果：____________

____________。

(3) unicode 编码集测试实验。在 Java 中字符采用 unicode 编码集，占 2 字节，一共可表示 65536 个字符，包含了国际上通用的大多数符号集。用记事本或 Ultraedit 输入以下代码并以 UnicodeTest.java 文件名存盘，然后编译并运行，查看运行结果，理解 unicode 编码集。

```
import java.io.*;
class UnicodeTest {
  public static void main(String[] args){
    int 中 = '中';
    for(int i = 0;i <= 20;i++){                //循环控制结构
      System.out.print(" " + 中 + ":" + (char)中);
      中++;
    }
  }
}
```

解释循环控制结构________________________。

解释语句 int 中='中'; 的作用________________________。

（4）数据的编码和解码实验。编码与解码是计算机表示数据的重要技术之一。尤其在网络通信中，很多情况下通信双方传递的都是字符信息，但是字符信息并不能直接从网络的一端传递到另一端，这些字符信息首先被转换成二进制序列才能在网络中传输。将字符序列转换为二进制序列的过程称为编码。当这些字节传送到网络的接收方时，接收方需要反过来将二进制序列再转换为字符序列，这个过程称为解码。在 Java 中的 java. nio. Charset 类提供了用于编码和解码的各种方法，具体的使用方法读者可以通过 API 文档学习。下面的程序演示使用该类的方法进行简单的数据编码和解码，执行结果如图 2-1 所示。

```
import java.io.UnsupportedEncodingException;
import java.nio.ByteBuffer;
import java.nio.CharBuffer;
import java.nio.charset.Charset;
import java.util.Scanner;
public class TestCharset {
   public static void main(String[] args) {
    System.out.print("请输入要编码的字符串:");
    Scanner keyin = new Scanner(System.in);
    String inputstr = keyin.nextLine();
    Charset cs = Charset.forName("GBK");
    ByteBuffer buffer = cs.encode(inputstr);
    String hexStr = "";
    while(buffer.remaining()> 0){
        hexStr += Integer.toHexString(buffer.get()&0xFF).toUpperCase() + " ";
    }
    System.out.println("GBK 编码结果:" + hexStr);
/*****************************************************/
    hexStr = new String();
    try{
        byte[] bytes = inputstr.getBytes("UTF-8");
        for(int i = 0;i < bytes.length;i++){
           hexStr += Integer.toHexString(bytes[i]&0xFF).toUpperCase() + " ";
        }
    }catch(UnsupportedEncodingException e) {
        e.printStackTrace();
    }finally {
        System.out.println("UTF8 编码结果:" + hexStr);
    }
/*****************************************************/
    System.out.print("请输入要解码的十六进制码串:");
    String inputCode = keyin.nextLine();
    String[] strs = inputCode.split(" ");
    byte[] array = new byte[strs.length];
    for(int i = 0;i < strs.length;i++){
        array[i] = (byte)(Integer.valueOf(strs[i],16).intValue());
    }
    cs = Charset.forName("GBK");
    CharBuffer cbuffer = cs.decode(ByteBuffer.wrap(array));
    System.out.println("GBK 解码结果:" + cbuffer.toString());
/*****************************************************/
    String str = "";
```

```
        try{
            str = new String(array,"UTF - 8");
        }catch(UnsupportedEncodingException e1) {
            e1.printStackTrace();
        }finally {
            System.out.println("UTF8 解码结果: " + str);
        }
    }
}
```

```
请输入要编码的字符串:中国
GBK编码结果:D6 D0 B9 FA
UTF8编码结果:E4 B8 AD E5 9B BD
请输入要解码的十六进制码串:D6 D0
GBK解码结果:中
UTF8解码结果: ??
```

图 2-1 数据编码和解码

2.3.2 填空实验

(1) 以下程序利用 Scanner 类创建对象并输入浮点数,请填空完成程序设计。

```
import java.util. * ;
public class InputDouble {
    public static void main(String args[ ]) {
        double a,b,c;
        Scanner reader = new Scanner(System.in);
        System.out.println("从键盘输入一个浮点数");
        ____________________    //reader 调用方法读取用户从键盘输入的数据,并赋值给 a
        b = a * a;
        c = a * a * a;
       ____________________     // 输出 b
       ____________________     // 输出 c
    }
}
```

(2) 以下程序产生一随机整数,然后让用户猜这个数字,请填空完成程序设计。

```
import java.util. * ;
public class GuessNumber {
    public static void main (String args[ ]) {
        System.out.println("给你一个 1 至 100 的整数,请猜测这个数");
        int realNumber = (int)(Math.random() * 100) + 1;
        int myGuess = 0;
        int guessCount = 1;
        Scanner reader = new Scanner(System.in);
        System.out.println("输入您的猜测:");
        __________________________            //从键盘输入一个整数
        while (____________________){         // 循环控制条件
          if (____________________){          // 分支条件
          System.out.println("猜大了,请再猜:");
          ________________________            //再从键盘输入一个整数
        }
      else if(____________________){          // 条件代码
            System.out.println("猜小了,请再猜:");
          ____________________                //再从键盘输入一个整数
        }
        guessCount++;
      }
     if(guessCount < 4)
        System.out.println("你太聪明了,竟然这么快就猜对了!");
     else if(guessCount > 8)
```

```
            System.out.println("要努力学习哦,下次希望猜错的次数少一点");
        else
            System.out.println("正常智力");
    }
}
```

请解释分支结构____。

(3) 以下程序循环100个随机字母，然后分元音、半元音和辅音输出，请填空。

```
public class VowelsAndConsonants {
    public static void main(String[] args) {
    for(int i = 0; i < 100; i++) {
        char c = (char)(Math.random() * 26 + 'a');      //随机生成一个字母
        ____________________                             //输出字符变量c的值和冒号
        switch (c) {
            case 'a':
            case 'e':
            case 'i':
            case 'o':
            case 'u':
                System.out.println("vowel");
                ____________________;                    //跳出switch语句
            case 'y':
            case 'w':
                System.out.println("Sometimes a vowel");
                break;
            default:
                System.out.println("consonant");
        }
      }
    }
}
```

请解释多分支语句switch_case的用法。

2.3.3 设计实验

(1) 意大利数学家Fibonacci提出了一个有趣的问题，设一对新生兔子，从第三个月开始它们每个月都生一对兔子，如按此规律，并假设没有兔子死亡，那么给你一对兔子，一年后你将拥有多少对兔子？这就是著名的Fibonacci数列，请编写一个Java程序，用于输出Fibonacci数列的前20项，如图2-2所示。

提示：根据Fibonacci数列(1,1,2,3,5,8,13,21,…)，可以推出其递归公式：$f(n)=f(n-1)+f(n-2)$　$f(0)=f(1)=1$。

```
命令提示符
D:\workplace\2008第二学期\java语言课程设计\src\shiyan1>java Fibonacci
  1  1  2  3  5  8  13  21  34  55  89  144  233  377  610  987  1597  2584  418
1  6765  10946  17711
D:\workplace\2008第二学期\java语言课程设计\src\shiyan1>
```

图2-2　输出Fibonacci数列

(2) 以图 2-3 所示的格式打印九九乘法表。

```
1*1= 1
2*1= 2    2*2= 4
3*1= 3    3*2= 6    3*3= 9
4*1= 4    4*2= 8    4*3=12    4*4=16
5*1= 5    5*2=10    5*3=15    5*4=20    5*5=25
6*1= 6    6*2=12    6*3=18    6*4=24    6*5=30    6*6=36
7*1= 7    7*2=14    7*3=21    7*4=28    7*5=35    7*6=42    7*7=49
8*1= 8    8*2=16    8*3=24    8*4=32    8*5=40    8*6=48    8*7=56    8*8=64
9*1= 9    9*2=18    9*3=27    9*4=36    9*5=45    9*6=54    9*7=63    9*8=72    9*9=81
```

图 2-3 九九乘法表

提示：建议使用两重循环，并使用 System. out. printf() 中的格式控制，例如%2d，代表输出整数，占 2 位。

(3) 在数学中有一个神奇的欧拉公式 $e^{ix}=\cos x+i\times\sin x$，请编写一个 Java 程序，使用 Math 类中的方法输出 90°以内的欧拉函数复数数值，保留 4 位小数，如图 2-4 所示。

提示：Math 类中提供的 cos()和 sin()方法需要的参数为双精度数，并且是弧度值，应使用数学中学到的知识 radian = degree×π/180 进行转换。其中 π 使用 Math 类中的常量，即 Math. PI。

```
exp(i*0)=1.0000+i*0.0000
exp(i*1)=0.9998+i*0.0175
exp(i*2)=0.9994+i*0.0349
exp(i*3)=0.9986+i*0.0523
exp(i*4)=0.9976+i*0.0698
exp(i*5)=0.9962+i*0.0872
exp(i*6)=0.9945+i*0.1045
exp(i*7)=0.9925+i*0.1219
exp(i*8)=0.9903+i*0.1392
         ⋮
```

图 2-4 欧拉函数

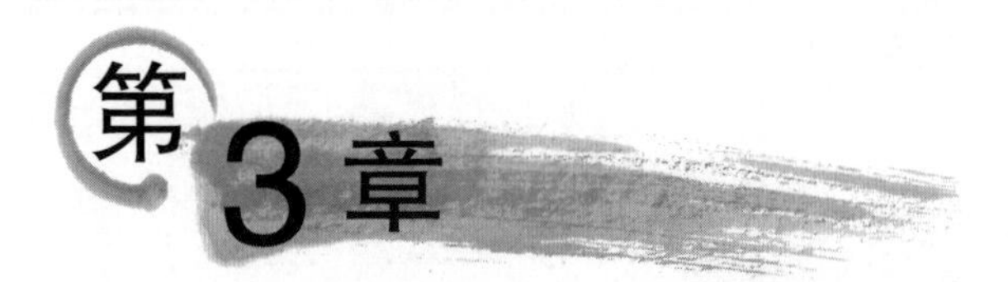

面向对象设计基础——抽象和封装

3.1 实验目的

- 理解对象和类的基本概念，并初步理解面向对象设计原则中的抽象、封装，掌握 get 方法和 set 方法的设计，掌握 toString()方法和 equals()方法的设计技巧，掌握方法重载的概念和实现技巧。
- 理解 Java 中数组的概念和使用技巧，并掌握基本类型变量和引用变量的区别。

3.2 相关知识

面向对象程序设计是使用类和对象将现实世界中真实的实体或抽象的概念在程序中建立起相应的模型，这一过程本身就是抽象，是人类特有的一种不断训练和强化的能力。还要重点理解类和对象的关系，类是创建对象的代码模板，对象是用类创建的实例。在设计类时，要采用封装的思想，使用 private 关键字将数据和方法对外隐藏，用 public 关键字提供对象和外部进行信息交换的接口，并在这些接口方法中，提供合理的代码设计用来过滤传入和传出数据，也就是说封装不是简单用 private 关键字私有化某些成员，而是保证被封装的对象是一个有机的整体，不能因为传入"坏"的数据导致对象出问题。在 Java 中数组被看成是对象，它有一个属性 length 用来指明此数组的元素的个数，通过下标使用数组元素。

3.3 实验内容

3.3.1 验证实验

视频讲解

(1) 理解抽象和封装。在第一个验证实验中，抽象一个简单的 Person 类，只抽象了"人"的三个最基本的属性：年龄(age)、姓名(name)和性别(sex)。对它们进行了封装，并提供了相应的 get 方法和 set 方法，同时在类中也提供了两个构造方法，并给出了 equals()和 toString()方法。

① 用记事本或 Ultraedit 输入以下程序并以 Person.java 存盘。

② 用 javac 编译，用 java 执行，然后填空。

```
public class Person{
    private int age = 0;
```

```
    private String name = "noname";
    private char sex = 'M';
    public Person(){}
    public Person(String n,int a,char s){
        name = n;
        if(a>= 0&&a<140) age = a;                    //数据过滤
        else age = 0;
        if(s == 'M') sex = s;                        //数据过滤
        else sex = 'F';
    }
  public void introduceme() {
      System.out.println("my name is: " + name + "\tmy age is: " + age);
      if(sex == 'M') System.out.println("I am man!");
      else System.out.println("I am woman!");
      }
      public String getName(){return name;}
      public void setName(String n){name = n;}
      public int getAge(){return age;}
      public void setAge(int a){//注意数据过滤
           if(a>= 0&&a<140) age = a;
           else age = 0;
      }
      public char getSex(){return sex;}
      public void setSex(char s){//注意数据过滤
          if(s == 'M') sex = 'M';
          else sex = 'F';
      }
      public boolean equals(Person a){
          if(this.name.equals(a.name)&&this.age == a.age
&&this.sex == a.sex)
              return true;
          else
              return false;
      }
      public String toString(){
           return name + "," + sex + "," + age;
      }
}
class PersonTest{
    public static void main(String args[]) {
        Person p1,p2;
        p1 = new Person("张三",28, 'M');
        p2 = new Person ();
        p2.setName("陈红");p2.setAge(38);p2.setSex('F');
        p1.introduceme();
        p2.introduceme();
      }
}
```

封装的意思是____。

```
p1 = new Person("张三",28, 'M');
```

这条语句的含义和作用是____。

p2.setName("陈红");的用处是______________________________。

(2) 数组测试。数组是将相同类型的数据放在连续的存储区域，通过数组名和下标来使用每一个数组元素，注意 Java 中的数组名仅是一个引用变量名，并且 Java 认为数组是一个对象，有一个 length 属性用来表示数组元素个数，通过下标使用数组元素。请输入以下代码并以 ArrayTest.java 为文件名保存，然后编译运行，并回答问题。

```
public class ArrayTest {
   public static void main(String[] args){
     int[] a;
     Person[] b;
     a = new int[10];
     b = new Person[3];
     for(int i = 0;i < 10;i++){
       a[i] = (int)(100 * Math.random());
     }
     b[0] = new Person("张三",28,'M');
     b[1] = new Person("李四",20,'M');
     b[2] = new Person();
     b[2].setName("葛优");
     b[2].setAge(46);
     b[2].setSex('F');
     for(int i = 0;i < 10;i++) {
       System.out.println("a[" + i + "] = " + a[i]);
     }
     System.out.println(b[0] + "\n" + b[1] + "\n" + b[2]);
     System.out.println("a 中元素个数: " + a.length);
     System.out.println("b 中元素个数: " + b.length);
   }
}
```

试解释 Java 中数组和 C 语言中数组的区别。

试解释 b=new Person[3];语句和 b[0]=new Person("张三",28,'M');语句的作用，以及它们之间的区别和关系。

(3) Java 方法的参数传递用法。Java 方法的参数传递是传值操作。对于基本数据类型(如 int、char 类型)变量作为参数，方法内对参数的操作实质是对参数复制变量的操作，不会改变原变量的值；对于引用类型(如数组、字符串)变量作为参数，方法内对该变量的操作是对引用变量所指向对象的操作，会改变原对象的数据。下面示例演示了方法参数调用的传递情况。

```
public class MethodParameter {
        public static void main(String[] args) {
            int a = 6;
            char[] str  =  new char[] { 'H', 'e', 'l', 'l', 'o' };
            StringBuffer sb  =  new StringBuffer("TOM");
            changeAddr(str, sb);
            System.out.println(str);
            System.out.println(sb.toString());
            changeValue(a, str, sb);
            System.out.println(a);
```

```
        System.out.println(str);
        System.out.println(sb.toString());
    }

    private static void changeAddr( char[ ] c, StringBuffer sb) {
        c = new char[ ] { 'Y', 'e', 'l', 'l', 'o' };
        sb = new StringBuffer("SawYer");
    }

    private static void changeValue(int a, char[ ] c, StringBuffer sb) {
        a = 8;
        c[0] = 'Y';
        sb.append(" Sawya");
    }
}
```

程序的运行结果是____。

(4) 重载方法演示。在同一个类中,有多个同名的方法,但方法参数列表不同,执行代码也不同,称为方法重载。请输入以下程序代码进行分析,学习方法重载。

```
public class DemoOverloading {
    public void disp(char c)        {
            System.out.println(c);
    }
    public void disp(char c, int num){
            for(int i = 1;i <= num;i++) System.out.print(c);
            System.out.println();
    }
    public void disp(String s){
        System.out.println(s.toUpperCase().charAt(1));
    }
    public void disp(String s,int num) {
        for(int i = 1;i <= num;i++) System.out.print(s + " ");
        System.out.println();
    }
    public static void main(String[ ] args){
        DemoOverloading obj = new DemoOverloading();
        obj.disp('*');
        obj.disp('=',10);
        obj.disp("abcdefg");
        obj.disp("abcdefg",10);
    }
}
```

试解释方法重载的实现机制,即编译器是如何识别不同的方法。

3.3.2 填空实验

(1) 理解抽象和封装。把主教材 3.2.1 节中的屏幕抽象和矩形抽象示例实验一下:假设要在抽象屏幕上用"*"打印矩形,可以把此矩形看成一个对象,用面向对象的思维来进行分析和抽象,所有的矩形都有宽(w)和高(h),并且在屏幕上有一个位置,而位置是由形如

(x、y)的坐标标识出来的，所以最简单的抽象就是通过(w，h，x，y)来定义一个矩形类(Rectangle)，然后提供一个printme()方法在抽象屏幕上打印出这个矩形。

```
//Rectangle.java
public class Rectangle {
    int x,y,w,h;
    Rectangle() {
        ________________;                        //调用另一个构造方法传递参数(0,0,1,1)
    }
    public Rectangle(int x,int y,int w,int h) {
        this.x = x;
        this.y = y;
        this.w = w;
        this.h = h;
    }

    public void printme(Screen myscreen) {
        myscreen.setY(y);
        for(int i = 1;i <= h;i++)          {
            myscreen.setX(x);
            myscreen.repeat('*',w);
            myscreen.println();
        }
    }
}
//Screen.java
public class Screen {
    int SCREEN_WIDTH;
    int SCREEN_HEIGHT;
    int x,y;
    char[][] data;
    int getX(){
        return x;
    }
    public void setX(int x){
        this.x = x;
    }
    public int getY(){
        return y;
    }
    public void setY(int y){
        this.y = y;
    }
    public Screen(){
        SCREEN_HEIGHT = 50;
        SCREEN_WIDTH = 80;
        data = new char[SCREEN_HEIGHT][SCREEN_WIDTH];
    }
    public Screen(int r,int c) {
        SCREEN_HEIGHT = r;
        SCREEN_WIDTH = c;
        data = new char[SCREEN_HEIGHT][SCREEN_WIDTH];
    }
    public void cls() {
```

```
    for(int i = 0;i < SCREEN_HEIGHT;i++) {
        for(int j = 0;j < SCREEN_WIDTH;j++){
            data[i][j] = ' ';
        }
     }
    }
    public void display() {
    for(int i = 0;i < SCREEN_HEIGHT;i++){
        for(int j = 0;j < SCREEN_WIDTH;j++){
            System.out.print(data[i][j]);
        }
        System.out.println();
     }
    }
    public  void repeat(char ch,int m)  {
        for(int i = 1;i <= m;i++) print(ch);
    }
    public void print(char ch){
        if (y < SCREEN_HEIGHT && x < SCREEN_WIDTH){
            data[y][x]  =  ch;
            x++;
            if (x  ==  SCREEN_WIDTH){
                y++;
                if (y  ==  SCREEN_HEIGHT){
                    scroll();               //屏幕上滚一行
                    y = SCREEN_HEIGHT - 1;
                }
                x  =  0;
            }
        }else {
            System.out.println("错误：超出屏幕了!");
        }
    }
    public void println() {
    if(++y == SCREEN_HEIGHT) {
       scroll();
       y = SCREEN_HEIGHT - 1;
     }
    x = 0;
    }
    public void scroll() {
    for(int i = 0;i < data.length - 1;i++){
        data[i] = data[i + 1];
    }
    data[data.length - 1] = new char[SCREEN_WIDTH];
  }
}
```

有了上面的矩形类和屏幕类程序代码，就可以进行测试了，设计一个测试类，提供 main() 方法和测试代码，运行结果如图 3-1 所示。

```
//TestRectangle.java
public class TestRectangle {
   public static void main(String[] args){
```

```
        Screen myscreen = new Screen();
        Rectangle rc1 = ____________________;      //第 0 行 0 列的 5 行 6 列的矩形
        rc1.printme(________________);             //在屏幕 myscreen 上打印 rc1
        Rectangle rc2 = new Rectangle(32,4,5,7);  //第 4 行 32 列的 7 行 5 列矩形
        rc2.printme(myscreen);
        myscreen.____________________;             //显示屏幕对象
    }
}
```

但是上面的抽象并没有封装，没有封装的对象很容易被非法修改或者破坏，如图 3-2 所示，看以下程序。

```
//TestNoEnCapsulation.java
public class TestNoEnCapsulation {
    public static void main(String[] args){
        Screen myscreen = new Screen();
        myscreen.cls();
        Rectangle rc1 = new Rectangle(0,0,6,5);
        rc1.h = 3;                                  //数据被任意修改,对象被破坏
        rc1.x = 10;                                 //数据被任意修改,对象被破坏
        rc1.printme(myscreen);
        Rectangle rc2 = new Rectangle(32,4,5,7);
        rc2.w = 10;                                 //数据被任意修改,对象被破坏
        rc2.printme(myscreen);
        myscreen.data[5][33] = '中';               //数据被非法修改,对象内容被破坏
        myscreen.display();
    }
}
```

```
******
******
******
******
******
                *****
                *****
                *****
                *****
                *****
                *****
                *****
```

图 3-1　屏幕上打印矩形对象

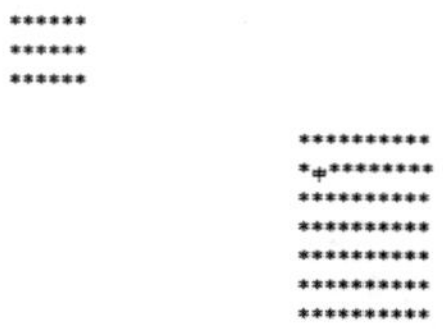

```
******


          **********
          *中********
          **********
          **********
          **********
          **********
          **********
```

图 3-2　对象内容被破坏

如果修改屏幕对象的数据非法，还有可能出错，例如下面程序中将屏幕对象 myscreen 的宽度修改为-3，则程序就会出错，矩形对象就无法显示了，如图 3-3 所示。

```
//TestNoEnCapsulation1.java
public class TestNoEnCapsulation1 {
    public static void main(String[] args){
        Screen myscreen = new Screen();
        myscreen.cls();
        myscreen.width = -3;                        //屏幕对象的宽改为-3,程序报错
        Rectangle rc1 = new Rectangle(0,0,6,5);
        rc1.printme(myscreen);
        Rectangle rc2 = new Rectangle(32,4,5,7);
        rc2.printme(myscreen);
        myscreen.display();
    }
}
```

```
Exception in thread "main" java.lang.ArrayIndexOutOfBoundsException: 80
	at myjava2019.chap3.test0.Screen.init(Screen.java:39)
	at myjava2019.chap3.test0.Test.main(Test.java:7)
```

图 3-3　没有封装数据被其他类修改后出错

为了防止数据被非法修改，需要使用封装技术。在 Java 中，实现封装的关键字是 private，提供公有接口的关键字是 public。要实现封装需要以下两步。

第一步，将对象内部的属性数据用 private 修饰，这样其他对象就无法直接访问和修改了，并且有些属性在对象创建后再也不允许修改，则此类属性应该定义为常量。

第二步，对于需要访问的属性提供读值方法 getter，并需要特定代码对数据进行处理，根据安全需要可隐藏某些数据；对于需要修改的属性提供写值方法 setter，并且在方法中提供约束和过滤代码，保证合法数据进入，阻挡非法数据进入。

屏幕类的封装代码如下：

```
//Screen.java
public class Screen {
    private final int SCREEN_WIDTH;
    private final int SCREEN_HEIGHT;
    private int x;
    private int y;
    private char[][] data;
    public int getX(){
        return x;
    }
    public void setX(int x){
        if (x < SCREEN_WIDTH)   this.x = x;
    }
    public int getY(){
        return y;
    }
    public void setY(int y) {
        if (y < SCREEN_HEIGHT)   this.y = y;
    }
    public Screen(){
        SCREEN_HEIGHT = 50;
        SCREEN_WIDTH = 80;
        data = new char[SCREEN_HEIGHT][SCREEN_WIDTH];
    }
    public Screen(int r, int c){                    //通过判断对输入的数据进行过滤
        if (r >= 1 && r <= 1000)
            SCREEN_HEIGHT = r;
        else
            SCREEN_HEIGHT = 50;
        if (c >= 1 && c <= 1000)
            SCREEN_WIDTH = c;
        else
            SCREEN_WIDTH = 80;
        data = new char[SCREEN_HEIGHT][SCREEN_WIDTH];
    }

    public void cls() {
```

```
        for (int i = 0; i < SCREEN_HEIGHT; i++){
            for(int j = 0; j < SCREEN_WIDTH; j++) {
                data[i][j] = '';
            }
        }
    }
    public void display(){
        for (int i = 0; i < SCREEN_HEIGHT; i++){
            for (int j = 0; j < SCREEN_WIDTH; j++){
                System.out.print(data[i][j]);
            }
            System.out.println();
        }
    }

    public void repeat(char ch, int m){
        for (int i = 1; i <= m; i++)
            print(ch);
    }
    public void print(char ch){
        if (y < SCREEN_HEIGHT && x < SCREEN_WIDTH){
            data[y][x] = ch;
            x++;
            if (x == SCREEN_WIDTH){
                y++;
                if (y == SCREEN_HEIGHT) {
                    scroll();
                    y = SCREEN_HEIGHT - 1;
                }
                x = 0;
            }
        } else {
            System.out.println("错误: 超出屏幕了!");
        }
    }
    public void println(){
        y++;
        if (y == SCREEN_HEIGHT){
            scroll();
            y = SCREEN_HEIGHT - 1;
        }
        x = 0;
    }
    public void scroll(){
        for (int i = 0; i < data.length - 1; i++){
            data[i] = data[i + 1];
        }
        data[data.length - 1] = new char[SCREEN_WIDTH];
    }
}
```

修改后，屏幕(Screen)类对象的内部数据外部就无法修改了，并对相应方法的代码也做了过滤处理，非法数据无法进入。读者可以用前面例子中的测试类进行测试，看看效果。

请读者将矩形类 Rectangle 进行封装，然后再使用下面的测试程序进行测试，看看封装是否成功。

```
//TestEnCapsulation.java
public class TestEnCapsulation {
    public static void main(String[] args){
       Screen myscreen = new Screen();
       myscreen.cls();
       Rectangle rc1 = new Rectangle(0,0,6,5);
       rc1.h = -3;                              //试图直接修改数据,无法通过编译
       rc1.x = 10;                              //试图直接修改数据,无法通过编译
       rc1.printme(myscreen);
       Rectangle rc2 = new Rectangle(32,4,5,7);
       rc2.w = 10;                              //试图直接修改数据,无法通过编译
       rc2.printme(myscreen);
       myscreen.data[5][33] = '中';             //试图直接修改数据
       myscreen.display();
    }
}
```

将封装好的 Rectangle.java 给实验老师检查。

(2) 数组使用。用面向对象方法实现筛法求素数，从面向对象的视角看，筛法求素数需要下列器件：一个数字产生器：能够逐一输出需要判断的数据；另一个是筛子：用于数据的过滤。筛子中有一个过滤器，用于存储素数。每次过滤时，就是判断数据是否被过滤器中的所有数据整除，若无法过滤掉，则将该数据保留在过滤器中，请填空以完成程序。

```
class Shiyan3_2_2 {
   public static void main(String[] args){
      int n = 100;
      ____________________;                    //创建 Sieve 类的对象
      s.executeFilter(n);
      System.out.println("小于" + n + "的素数有：");
      s.outFilter();
   }
}
class Counter{                                 //数字产生器
   private int value;                          //数字产生器的初值
   Counter(int val){value = val;}
   public int getValue(){return value;}
   public void next(){value++;}                //产生下一个数字
}
class Sieve{                                   //筛子
   final int Max = 100;                        //设定过滤器的最大值
   private int filterCount = 0;
   private int[] f;                            //存储过滤器数据的数组
   public Sieve(){f = new int[Max];filterCount = 0;}
   public void executeFilter(int n){           //执行过滤,产生 2~n 素数
      Counter c = new Counter(2);
      for(;c.getValue()< n;c.next()){
          ______________________________;      //实施过滤
      }
   }
```

```
    public void passFilter(Counter c){
        for(int i = 0;i < filterCount/2;i++)
            if(____________________) return;      //判断若为合数则返回
                ____________________;             //若为素数,则加入过滤器
    }
    private void addElementIntoFilter(int x){
        f[filterCount] = x;
        filterCount++;
    }
    public void outFilter(){
        for(int i = 0;i < filterCount;i++){
             System.out.printf(" %4d",f[i]);
             if((i + 1) % 10 == 0)System.out.println();
        }
    }
}
```

3.3.3 设计实验

(1) 抽象和封装。从直角坐标系的视角抽象设计一个 Point 类,用来表示平面上的点对象,该类包含两个 double 型成员变量：x、y,一个 Color 类型成员变量 mycolor,请给出此类的三个构造方法(重载的),分别是一个不带参数的、一个带两个参数的、一个带三个参数的构造方法；给出一个计算两点间距离的方法 distance(Point another)。还要给出对应的 get 方法和 set 方法,最后重写 equals()方法和 toString()方法。用下面的 main()方法测试。

提示：import java.awt.Color；才能使用 Color 类。

```
public static void main(String[] args) {
     Point A = new Point();
     Point B = new Point(50,60);
     Point C = new Point(100,200,Color.red);
     System.out.println("B:(" + B.getX() + "," + B.getY() + ")" + "color: " + B.getColor());
     A.setX(100);
     A.setY(200);
     A.setColor(Color.red);
     System.out.println("A == B? " + A.equals(B));
     System.out.println("A→B " + A.distance(B));}
```

(2) 数组使用。Java 的方法返回值可以是基本数据类型的变量,也可以是对象的引用,如矩阵类的加法运算方法的返回值可以用矩阵对象的引用变量。运用面向对象建模思想,抽象建模高等代数中矩阵类 Matrix,用两个大于 0 的整型成员变量表示行数和列数,用一个浮点型二维数组存储该矩阵的数据,提供相应成员变量的 get 方法和 set 方法,提供矩阵的初始化方法 initValue()和矩阵的加减方法 add(Matrix b)和 sub(Matrix c),注意对非法数据的过滤,提供 equals()方法和 toString()方法等,使用以下代码进行测试。

```
class TestMatrix {
    public static void main(String[] args){
        Matrix A = new Matrix(3,4);
        A.initValue();
```

```
        System.out.print("矩阵 A:" + A);
        Matrix B = new Matrix(3,4);
        B.initValue();
        System.out.print("矩阵 B:" + B);
        Matrix C = A.add(B);
        System.out.println("A + B:" + C);
        Matrix D = A.sub(B);
        System.out.println("A - B:" + D);
    }
}
```

面向对象设计基础——继承、多态和组合

4.1 实验目的

- 理解继承原理和 Java 中的实现方式。
- 理解继承中方法覆盖(重写)的实现技巧。
- 理解多态性原理以及 Java 中的实现方式。
- 理解组合原理以及如何在程序中实现。

4.2 相关知识

和生物遗传继承一样,在面向对象程序设计中,从已经存在的类产生新类的机制,也定义为继承。原来存在的类叫父类(或叫基类),新类叫子类(或叫派生类),子类中会自动拥有父类中的设计代码,同时可以改写原来的代码或添加新的代码,形成一个新的类。继承带来的好处是:一方面可减少新设计程序容易产生的错误,另一方面做到了代码复用,可简化和加快程序设计,提高了工作效率。

多态性原理是生物多样性在面向对象程序设计中的应用,指的是在一个系统中同一消息可能会引发多种反应。比如多个动物面对同样的刺激、消息等,不同动物的反应是不一样的。在面向对象程序设计中,如果有许多不同的对象,每个对象都具有相应的行为模式(即执行代码),对每个对象发送同样的消息,但每个对象的执行代码是不一样的,这就是面向对象程序设计中的多态性原理。在 Java 中通过父类的引用指向不同子类对象,调用不同子类重写的方法实现多态。

在现实世界中,常会看到一个复杂对象总是由许多子对象构造而成,如汽车对象包含了发动机对象、轮胎对象、方向盘对象等,一个宠物狗对象也会包含心、肝、脾、肺等。在面向对象程序设计中,常用组合来完成从简单对象到复杂对象的构造过程,一个复杂对象常常是由多个简单的成员对象组合而成的,比如一个汽车对象由“发动机”“刹车”“方向盘”等对象组装而成。相对于继承的 is-a 关系,通常情况下组合是 has-a 关系,即整体和部分的关系。

4.3 实验内容

视频讲解

4.3.1 验证实验

(1) 理解继承原理。在面向对象程序设计中,如何实现继承,不同语言有不同的实现机制,在 Java 中,通过关键字 extends 来指明一个子类从一个父类扩展而来。使用主教材中的

关于形状的演示程序来学习和验证如图 4-1 所示的继承关系。

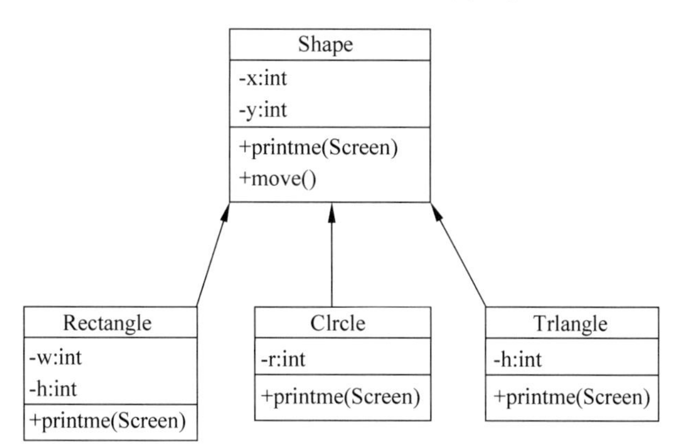

图 4-1　继承关系

```
//Shape.java
public class Shape {
    protected int x;
    protected int y;
    public int getX(){
        return x;
    }
    public void setX(int x){
       if(x >= 0&&x < 1000)
            this.x = x;
        else this.x = 0;
    }
    public int getY(){
        return y;
    }
    public void setY(int y){
        if(y >= 0&&y < 1000) this.y = y;
        else this.y = 0;
    }
    public Shape() {}
    public Shape(int x,int y){
        if(x >= 0&&x < 1000) this.x = x;
        else this.x = 0;
        if(y >= 0&&y < 1000) this.y = y;
        else this.y = 0;
    }
    public void printme(Screen sc) {
        sc.setY(y);
        sc.setX(x);
        System.out.println();
    }
    public void move(int x,int y) {
        if(x >= 0&&x < 1000) this.x = x;
        else this.x = 0;
        if(y >= 0&&y < 1000) this.y = y;
        else this.y = 0;
    }
```

```
}
//Rectangle.java
public class Rectangle extends Shape {
    private int w;
    private int h;
    public Rectangle()  {
       this(0,0,1,1);
    }
    public Rectangle(int x,int y,int w,int h) {
       super(x,y);
       this.w = w;
      this.h = h;
    }
    public void printme(Screen myscreen) {
       myscreen.setY(y);
       for(int i = 1;i <= h;i++)  {
        myscreen.setX(x);
        myscreen.repeat('*',w);
        myscreen.println();
      }
    }
}
//Lingxing.java
public class Lingxing extends Shape {
    private int h;
    public Lingxing() {
          this(0,0,7);
      }
    public Lingxing(int x,int y,int h) {
         super(x,y);
         this.h = h;
      }
    public void printme(Screen myscreen) {      // 覆盖父类中的printme()方法
        myscreen.setY(y);
        for (int i = 1; i <= (h + 1) / 2; i++) {
            myscreen.setX(x);
            myscreen.repeat(' ', h / 2 + 1 - i);
            myscreen.repeat('*', 2 * i - 1);
            myscreen.println();
        }
        for (int i = h / 2; i >= 1; i--) {
            myscreen.setX(x);
            myscreen.repeat(' ', h / 2 + 1 - i);
            myscreen.repeat('*', 2 * i - 1);
            myscreen.println();
        }
    }
}
//Circle.java
public class Circle extends Shape{
    private int r;
    public Circle(int x,int y,int r){
        super(x,y);
        this.r = r;
```

```
    }
    public void printme(Screen sc){                //覆盖父类中的printme()方法
        // x * x + y * y = r * r
        sc.setY(y);
        for(int y = 0;y <= 2 * r;y += 2) {
         int lx = (int)Math.round(r - Math.sqrt(2 * r * y - y * y));
         int len = 2 * (r - lx);
         sc.setX(this.x + lx);
         sc.print('*');
         for(int j = 0;j <= len;j++){
             sc.print('*');
         }
         sc.print('*');
         sc.println();
        }
    }
}
//Triangle.java
public class Triangle extends Shape{
   private int h;
   public Triangle() {
      this(0,0,7);
   }
   public Triangle(int x,int y,int h) {
      super(x,y);
      this.h = h;
   }
   public void printme(Screen myscreen) {          //覆盖父类中的printme()方法
      myscreen.setY(y);
      for(int i = 1;i <= h;i++)
      {
         myscreen.setX(x + h - i);
         myscreen.repeat('*',2 * i - 1);
         myscreen.println();
      }
   }

}
//TestInherit.java  测试类
public class TestInherit {
     public static void main(String[] args) {
       Screen myscreen = new Screen(25,80);
       myscreen.cls();
       Lingxing mylx = new Lingxing(0,0,9);
       mylx.printme(myscreen);
       Lingxing mylx2 = new Lingxing(20,1,12);
       mylx2.printme(myscreen);
       Rectangle rc = new Rectangle(14,1,5,7);
       rc.printme(myscreen);
       Triangle tr = new Triangle(56,2,7);
       tr.printme(myscreen);
       Circle c = new Circle(34,0,10);
       c.printme(myscreen);
```

```
        myscreen.display();
    }
}
```

TestInherit 测试类的运行结果如图 4-2 所示。

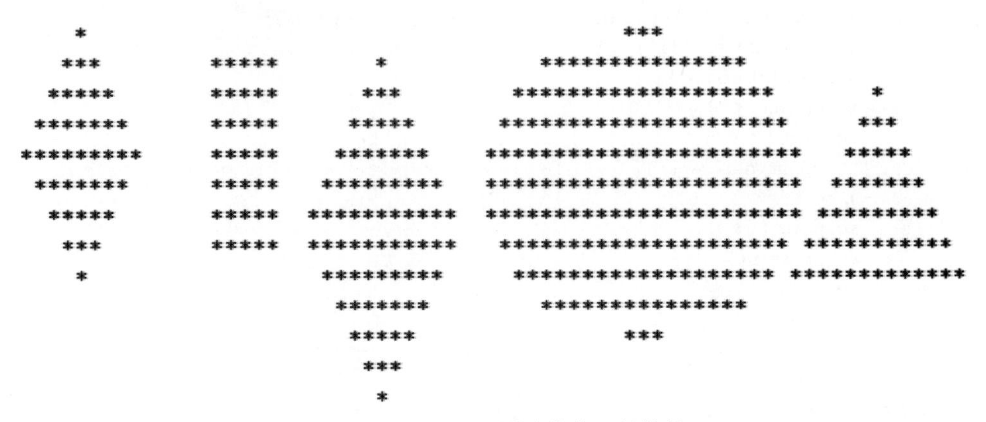

图 4-2　TestInherit 测试类的运行结果

(2) 理解多态原理和实现。在 Java 中，父类的引用可以指向子孙类对象，从而可以通过父类引用来调用子类对象的方法。在 Java 中，多态是通过动态绑定来实现的，通过父类的引用调用某子类对象的一个方法时，会自动执行由该子类重写后的版本。因此，可以用父类来定义对象的通用方法并提供对象的默认实现，而子类对这种默认实现进行修改，以更好地适应具体情况的要求。因此，在父类中定义的一个接口可以作为多个不同实现的基础。继续用前面的示例程序，重新写一个测试类，采用多态性原理，测试类的代码如下：

```
//TestPolymorphism.java
public class TestPolymorphism {
    public static void main(String[] args){
        Screen myscreen = new Screen(25,80);
        myscreen.cls();
        Shape shapes[] = new Shape[5];           //通过父类定义了有 5 个引用变量的数组
        shapes[0] = new Lingxing(0,0,9);         //指向一个菱形对象
        shapes[1] = new Lingxing(20,1,12);
        shapes[2] = new Rectangle(14,1,5,7);     //指向一个矩形对象
        shapes[3] = new Triangle(56,2,7);        //指向一个三角形对象
        shapes[4] = new Circle(34,0,10);         //指向一个圆形对象
        for(int i = 0;i < shapes.length;i++) {
            shapes[i].printme(myscreen);         //方法调用相同，但因对象不同执行代码也不同，
                                                 //这就是多态性原理
        }
        myscreen.display();
    }}
```

程序运行结果和图 4-2 一致。

(3) 理解组合原理和实现技巧。组合通常有两种方式：联合和聚合。这些方式代表了对象之间不同的协作关系。任何组合类型都是 has-a 关系。然而，联合和聚合的微小区别在于部分如何构成整体。在聚合中，通常只看到整体，如手机或电视机；而在联合中，通常看到的是组成整体的部分，如电脑、打印机、鼠标、键盘构成的办公系统，音响、功放、麦克风、

DVD 播放机、电视机等构成的家庭音响和影院系统等。

下面以主教材中简易的具有简单计算功能的 Computer 类来学习聚合，该简易计算机拥有中央处理器 CPU、存储器 Memory、显示屏和一个小键盘，它们组装在一起形成了一个完整设备，为用户提供简单计算服务。

```
//CPU.java
public class CPU {                                    //抽象的计算控制模块
    private double ax, bx;
    private String instruct;
    private Memory memo;
    public CPU(Memory memo) {
        ax = bx = 0;
        instruct = "+";
        this.memo = memo;
    }
    public String getInstruct() {
        return instruct;
    }
    public void setInstruct(String instruct) {
        this.instruct = instruct;
    }
    public void calculate() {
        ax = memo.getFirstnum();
        bx = memo.getSecondnum();
        switch (instruct) {
        case "+":
            ax = ax + bx;
            break;
        case "-":
            ax = ax - bx;
            break;
        case "*":
            ax = ax * bx;
            break;
        case "/":
            ax = ax / bx;
            break;
        default:
        }
        memo.setResult(ax);
    }
}
//Memory.java
public class Memory {                                 //抽象的存储子模块
    private double firstnum;
    private double secondnum;
    private double result;

    public double getFirstnum() {
        return firstnum;
    }
    public void setFirstnum(double firstnum) {
        this.firstnum = firstnum;
```

```
    }
    public double getSecondnum() {
        return secondnum;
    }
    public void setSecondnum(double secondnum) {
        this.secondnum = secondnum;
    }
    public double getResult() {
        return result;
    }
    public void setResult(double result) {
        this.result = result;
    }
}
//Keyboard.java
import java.util.Scanner;
public class Keyboard {                               //抽象输入键盘模块
    private Scanner keyin = new Scanner(System.in);
    public double inputDouble() {
        return keyin.nextDouble();
    }
    public String inputString() {
        return keyin.next();
    }
}
//Screen.java
import java.io.PrintStream;
public class Screen {                                 //抽象屏幕显示模块
   private PrintStream out;
   public Screen() {
      this.out = System.out;
   }
   public Screen(PrintStream out) {
      this.out = out;
   }
   public void print(String str) {
      out.print(str);
   }
   public void println(String str) {
      out.println(str);
   }
   public void println() {
      out.println();
   }
   public PrintStream getOut() {
      return out;
   }
   public void setOut(PrintStream out) {
      this.out = out;
   }
}
//Computer.java
public class Computer {                               //抽象的聚合后的简易计算器
   private CPU cpu;                                   //组合子对象 cpu 处理计算
```

```
    private Memory memory;                   //组合子对象 memory 处理存储
    private Keyboard keyboard;               //组合子对象 keyboard 处理输入
    private Screen screen;                   //组合子对象 screen 处理输出
    public Computer() {
        memory = new Memory();
        cpu = new CPU(memory);
        keyboard = new Keyboard();
        screen = new Screen();
    }
    public Computer(CPU cpu, Memory memory, Keyboard keyboard, Screen screen) {
        super();
        this.cpu = cpu;
        this.memory = memory;
        this.keyboard = keyboard;
        this.screen = screen;
    }
    public void doWork() {//模拟计算机开机工作方法
        screen.print("第一个操作数: ");
        memory.setFirstnum(keyboard.inputDouble());
        screen.print("运算符: ");
        cpu.setInstruct(keyboard.inputString());
        screen.print("第二个操作数: ");
        memory.setSecondnum(keyboard.inputDouble());
        cpu.calculate();
        screen.println("计算结果: " + memory.getResult());
    }
}
//TestComputer.java
public class TestComputer {
  public static void main(String[] args) {
      Computer mycomputer = new Computer();    //创建一个 Computer 对象
      mycomputer.doWork();                     //执行计算任务
  }
}
```

从该例演示来看，一个 Computer 对象聚合了 4 个子对象，但通过封装后看到的只是一个整体的 Computer 对象，看不到内部的子对象和组成结构，4 个内部子对象协同工作完成计算工作。

4.3.2 填空实验

(1) 理解继承原理。以下程序定义了 People、ChinaPeople 和 AmericanPeople 等类，请填空完成程序。

```
class People {
   protected double weight, height;
   public void speakHello( ) {
      System.out.println("Who am I?");
   }
  public void averageHeight() {
     height = 173;
     System.out.println("average height:" + height);
   }
```

```
    public void averageWeight() {
        weight = 70;
        System.out.println("average weight:" + weight);
    }
}
class ChinaPeople extends People{
________________________________// 重写 speakHello( )方法,输出"哈喽,我是中国人!"
________________________________// 重写 averageHeight( )方法,输出 "中国人的平均身高: 168.78
                                // 厘米" 这样的信息
________________________________// 重写 averageWeight( )方法,输出"中国人的平均体重: 65 公斤"
                                // 这样的信息
    public void chinaGongfu () {
        __________________________________________// 输出"坐如钟,站如松,睡如弓".
    }
}
class AmericanPeople  extends People {
_____________________           // 重写 speakHello()方法,输出"Hello,I am American!"
  ______________________________ // 重写 averageHeight( )方法
  ______________________________ // 重写 averageWeight( )方法
    public void americanBoxing() {
    ____________________________ // 输出 "The straight, hook".
    }
}
class BeijingPeople extends ChinaPeople  {
________________________________// 重写 speakHello( )方法,输出"您好,俺是北京人"
public void beijingOpera() {
        __________________________________________// 输出"京剧"
    }
    //其他方法继承自父类
}
class PeopleTest  {
    public static void main(String args[])  {
        ChinaPeople chinaPeople = new ChinaPeople( );
        AmericanPeople americanPeople = new AmericanPeople( );
        BeijingPeople beijingPeople = new BeijingPeople( );
        ________________________________//调用 chinaPeople 的 speakHello()方法
        americanPeople.speakHello( );
        beijingPeople.speakHello( );
        ________________________________//调用 chinaPeople 的 averageHeight()方法
        americanPeople.averageHeight( );
        beijingPeople.averageHeight( );
        chinaPeople.averageWeight( );
        americanPeople.averageWeight( );
        beijingPeople.averageWeight( );
        chinaPeople.chinaGongfu( );
        americanPeople.americanBoxing( );
        beijingPeople.beijingOpera( ) ;
        beijingPeople.chinaGongfu( );
}
}
```

(2) 理解组合原理中的“联合”。联合代表若干独立的对象可以连接成一个更复杂和功能更强大的对象。比如在家庭影院系统,电视机、音响、DVD 播放机等各种各样的组件都是独立的,都可以提供特定的功能,但通过一些插接线连接后构成了一个功能更强大的系统。

同样的，计算机、打印机、麦克风、音响、摄像头等也都是独立存在的小对象，将它们连接在一起就会形成功能更丰富、效率更高的复杂对象。简单理解，联合是将若干独立的子对象连接起来形成具有复杂功能的更大对象，如下面的示例，抽象了打印机、摄像头、音箱、麦克风等小对象，通过联合可完成更复杂的功能，参考主教材完成填空。

```
//Printer.java
public class Printer {
    private String brand;
    public Printer(String brand) {
        ______________________;  //用局部变量 brand 初始化成员变量 brand
    }
    public void print(String msg) {
        System.out.println("在" + brand + "打印机上打印: " + msg);
    }
}
//Camera.java
public class Camera {
    private String brand;
    public Camera(String brand) {
     this.brand = brand;
    }
    public byte[] getData() {
        String data = "从" + brand + "摄像头上获取的视频字节流";
        return ______________;        //返回字符串 data 的字节数组
    }
}
//SoundBox.java
public class SoundBox {
    private String brand;
    public SoundBox(String bd) {
        brand = bd;
    }
    public void play() {
        System.out.println("在" + brand + "上播放歌曲让世界充满爱......");
    }
}
//Microphone.java
public class Microphone {
      private String brand;
      public Microphone(String brand) {
        this.brand = brand;
     }
    public byte[] getData() {
        String msg = "在" + brand + "麦克风上获取的音频数据流";
        return msg.getBytes();
    }
}
//Disk.java
import java.io.FileOutputStream;
import java.io.IOException;
public class Disk {
    private String brand;
    public Disk(String brand) {
```

```
        this.brand = brand;
    }
    public void saveData(byte[] data) {
        try {
            FileOutputStream fout = new FileOutputStream("" + brand + ".dat",true);
            fout.write(data);
            fout.close();
        } catch (IOException e) {
            // TODO Auto - generated catch block
            e.printStackTrace();
        }
    }
}
//Computer1.java
public class Computer1 {
    private String brand;
    private Disk mydisk = new Disk("西部数据");              //磁盘为聚合对象
    public Computer1(String brand) {
        this.brand = brand;
    }
    public void playMusic(________) {                       //传入 SoundBox 对象 sb
        sb.play();
    }
    public byte[] inputVideo(Camera cm) {
        return cm.getData();
    }
    public void print(Printer out,String msg) {
        out.print(msg);
    }
    public byte[] inputAudio(Microphone mh) {
        return mh.getData();
    }
    public void saveData(byte[] data) {
        mydisk.saveData(data);
    }
}
//TestUnion.java
public class TestUnion {
    public static void main(String[] args) {
        Computer1 mycomputer = new Computer1("联系昭阳 450 电脑");
        Printer myprinter = new Printer("Brother DCP - 7057 打印机");
        Camera mycamera = new Camera("奥尼剑影摄像头");
        SoundBox mysound = ________________;                //创建一个"好牧人 V8 音箱"
        Microphone mymc = new Microphone("飞利浦麦克风");
        mycomputer.playMusic(mysound);                      // 通过音箱播放音乐
        mycomputer.saveData(________________);              //将摄像头输入的数据写到磁盘中
        mycomputer.print(myprinter, "摄像头输入的数据被保存到磁盘上了!");
        mycomputer.saveData(mymc.getData());
        mycomputer.print(myprinter, "麦克风输入的数据也被保存到磁盘上了!");
    }
}
```

从上面的演示可以看出，在联合中每个对象都是独立的，摄像头、打印机、音箱等都不是计算机的组成部分，但通过引用把它们连接起来，就可以在计算机对象中调用打印机的方法或从摄像头获取数据流。

总而言之，聚合是指一个复杂对象由其他子对象组合而成，内聚强、耦合强。而当一个对象需要其他独立对象的服务时，则建议使用联合，联合是内聚弱（或者没有）、耦合弱。

4.3.3　设计实验

（1）请参考验证实验（1）中的形状和屏幕类，抽象一个能表示水平等腰梯形的 Trapezoid 类，再设计一个测试类，联合使用其他形状类一起测试。

（2）请根据如图 4-3 所示类层次，设计 6 个类，每个类都有常用的构造方法、get 方法、set 方法、equals()方法和 toString()方法，以及类图中提供的属性和方法，最后设计一个测试方法对设计好的类进行测试。

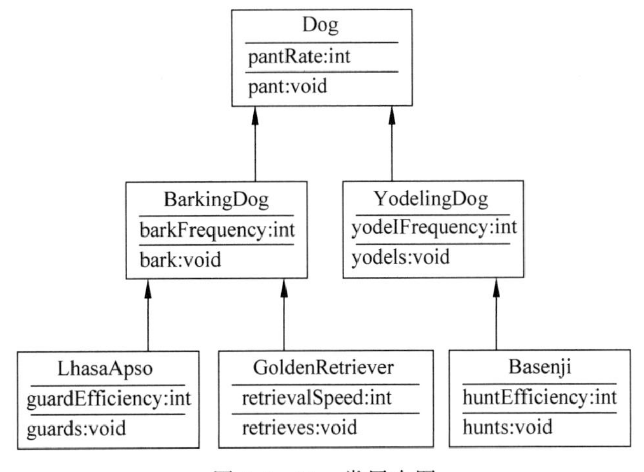

图 4-3　Dog 类层次图

面向对象程序设计进阶

5.1 实验目的

- 掌握 static 关键字，理解类层次和对象层次的区别。
- 掌握 final 关键字，理解 final 代表进化终止。
- 掌握 abstract 关键字，熟悉抽象类和抽象方法的设计技巧。
- 掌握 interface 关键字和接口的基本概念。
- 掌握 package 关键字和包的概念及使用技术。

5.2 相关知识

在 Java 中，static 关键字用来定义类层次的成员变量和成员方法，这种类层次的成员被类加载器装入后就可以直接使用，不需要创建对象实例，并且在内存中只有一个副本，所有对象共享使用，相对于类层次成员，对象层次的成员只有创建了对象后才能使用，并且每个对象都有自己的副本。final 关键字用来修饰不可变成员，即成员的值或行为将来不可改变，具体来说，如果用 final 修饰类，则此类不能派生子类，相当于该类的进化终止了；如果用 final 修饰方法，则此方法在其子类中不能被重写，此方法进化终止；如果用 final 修饰变量，则变量的值不能再修改，变量变为常量。Java 使用 abstract 关键字来定义抽象类和抽象方法，抽象的意思就是设计不完整，还需要后续的设计来继续完善。

Java 中没有多继承，只有单一继承，为了使一个对象具有多种行为，Java 提供了接口的概念，用 interface 关键字来定义接口，跟现实生活一样，接口代表的是规范和标准，所以只能包含公有的常量和公有抽象的方法。

前两章实验的重点内容是理解面向对象设计中的基本原理，本章实验对 Java 中面向对象的实现技术进行进阶学习。抽象和继承进阶中将学习抽象类，封装进阶中将介绍单态设计模式，多态进阶中将学习接口，以及对应主教材补充包和枚举等实验内容。

5.3 实验内容

5.3.1 验证实验

视频讲解

(1) 理解 static、final 关键字。static 关键字修饰的成员是类层次，即通过类名来使用所有对象共享的成员。而final关键字是“最终”，不可更改的意思，代表进化终止。输入以下代码后编译运行，查看运行结果。

```
class Static_final {
      static int i = 10;
      static final int k = 20;
      static {    i = i + 5; }
      public static void main(String[ ] args) {
         System.out.println("i = " + i);
         System.out.println("k = " + k);
         k = 30;                                              //此句编译错，必须去掉
      }
      static {    i = i/2;      }
}
```

请解释为什么k=30;语句编译会出错。________________________________。

请解释为什么i的输出值不是15。________________________________。

请说明final关键字和static关键字的作用。________________________________

____

____。

(2) 理解abstract关键字。用抽象类和抽象方法代表设计不具体、不完善的类和方法，主要用在高层抽象中，以便提供统一的接口。输入以下程序并以InheDemo.java存盘，编译并运行，同时学习并掌握继承的工作原理。

```
abstract class Employee{                                   //抽象类
  String EmpName;
  char sex;
  double EmpSal;
  Employee(String en, char s, double es){
  EmpName = en;   sex = s;   EmpSal = es;
  }
public String getName(){
  return EmpName;
}
public char getSex(){
  return sex;
}
public abstract double getSal();
public   void setSal(int basSal){
    EmpSal = basSal;
}}
/************************************/
class Worker extends Employee{
  char category;
  boolean dressAllowance;
  Worker(String en, char s, double es, char c, boolean d){
  super(en,s,es);
  category = c;   dressAllowance = d;
  }
public char getCategory(){
  return category;
```

```
}
public boolean getDressAll(){
 return dressAllowance;
}
public double getSal(){
  return EmpSal;
}}
/********************************/
class Superior extends Employee {
  int experience;
  boolean vehicle;
  double medicalAllowance;
  Superior(String en, char s, double es, int e, boolean v, double ma){
  super(en,s,es);
  experience = e;
  vehicle = v;
  medicalAllowance = ma;
}
public int getExp(){
  return experience;
}
public boolean getVehicle(){
  return vehicle;
}
public double getMedicalAll(){
  return medicalAllowance;
}
public   double getSal(){
   return EmpSal * 4 + 1000 + medicalAllowance;
}}
/********************************/
class Officer extends Superior{
  double travelAllowance;
  Officer(String en, char s,double es,int e, boolean v, double ma,double ta){
  super(en,s,es,e,v,ma);
  travelAllowance = ta;
}
public double getTravelAll(){
  return travelAllowance;
}
public double getSal(){
   return EmpSal * 2 + 200 + travelAllowance + medicalAllowance;
}}
/********************************/
class Manager extends Superior{
    double clubAllowance;
  Manager(String en,char s,double es, int e, boolean v,double ma, double ca){
    super(en,s,es,e,v,ma);
    clubAllowance = ca;
}
public double getClubAll(){
     return clubAllowance;
}
public double getSal(){
```

```
        return EmpSal * 5 + 2000 + medicalAllowance + clubAllowance;
}}
/ ********************************** /
class InheDemo{
  public static void main(String args[ ])    {
     Worker w = new Worker("M.John", 'M',1200.50, 'B', true);
     System.out.println("工人信息: ");
     System.out.println("姓名: " + w.getName());
     System.out.println("性别: " + w.getSex());
     System.out.println("薪资: " + w.getSal());
     System.out.println("类别: " + w.getCategory());
     if(w.getDressAll()) System.out.println("提供服装津贴");
     else   System.out.println("未提供服装津贴");
     Officer o = new Officer("S.David", 'F',2500.70,15,true,345.60,200);
     System.out.println("\n 主任信息: ");
     System.out.println("姓名: " + o.getName());
     System.out.println("性别: " + o.getSex());
     System.out.println("薪资: " + o.getSal());
     System.out.println("工作经验: " + o.getExp() + "年");
     if(o.getVehicle())   System.out.println("提供交通工具");
     else   System.out.println("未提供交通工具");
     System.out.println("医疗津贴: " + o.getMedicalAll());
     System.out.println("出差津贴: " + o.getTravelAll());
     Manager m = new Manager("ArnoldShwaz", 'M',4500.70,15,true,345.60,300);
     System.out.println("\n 经理信息: ");
     System.out.println("姓名: " + m.getName());
     System.out.println("性别: " + m.getSex());
     System.out.println("薪资: " + m.getSal());
     System.out.println("工作经验: " + m.getExp() + "年");
     if(m.getVehicle())   System.out.println("提供交通工具");
     else   System.out.println("未提供交通工具");
     System.out.println("医疗津贴: " + m.getMedicalAll());
     System.out.println("会员津贴: " + m.getClubAll());
   }
}
```

① 读懂程序,完成图 5-1 所示的员工继承层次图,并填空。

② 分析程序的执行流程并写出程序执行结果。

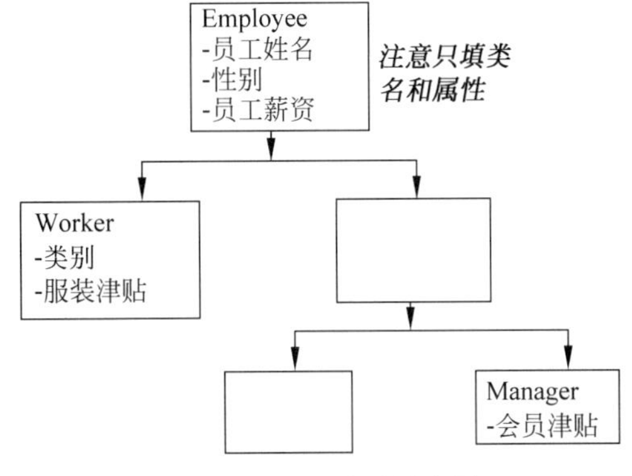

图 5-1　员工继承层次图

(3) 理解接口 interface。Java 中 interface 关键字用来定义接口或界面，此接口实际上是一种规范或标准。在接口中不关心细节，只关心功能和相应的数据指标要求，所以在 Java 的 interface 接口中只存在两类东西：公有抽象的方法和公有静态的常量。

```
//interfacedemo.java
interface Computable {
   int M = 10;
   int f(int x);
  public abstract int g(int x,int y);
}
class A implements Computable {
 public int f(int x){ return M + 2 * x;}
 public int g(int x,int y){return M * (x + y);}
}
class B implements Computable {
 public int f(int x){return x * x * x;}
 public int g(int x,int y){return x * y * M;}
}
public class interfacedemo {
 public static void main(String[] args){
   Computable a = new A();                              //可换为 A a = new A();
   Computable b = new B();                              //可换为 B b = new B();
   System.out.println(a.M);
   System.out.println("" + a.f(20) + ", " + b.g(12,2));
   System.out.println(b.M);
   System.out.println("" + b.f(20) + ", " + b.g(12,2));
 }
}
```

接口(interface)可以看成是抽象类的一种特例，接口中的所有方法都必须是抽象的。接口中的方法定义默认为 public abstract 类型，接口中的成员变量类型默认为 public static final。

(4) 理解包的使用。Java 中的包用来组织类和接口及资源，包的层次结构严格地对应于操作系统的目录结构，并注意以下编译和运行方式。

① 用 `javac -d . -classpath . *.java`　　//编译

② 用 `java -classpath . 包名.类名`　　//执行

如本例：编译：javac -d . Trangle.java

javac flyhorse.java

运行：java -cp . flyhorse

用记事本输入以下程序并以相应的文件名存盘。

```
//Trangle.java
package  www.horsefly;
public class Trangle  {
  double sideA,sideB,sideC;
  boolean flag;
  public Trangle(double a,double b,double c)  {
    sideA = a;sideB = b;sideC = c;
    if(a + b > c&&a + c > b&&c + b > a)  {
```

```
        System.out.println("我是一个三角形");
        flag = true;
      }  else  {
        System.out.println("我不是一个三角形");
        flag = false;
      }
    }
  public void jsmj () {
       if(flag)  {
         double p = (sideA + sideB + sideC)/2.0;
         double area = Math.sqrt(p * (p - sideA) * (p - sideB) * (p - sideC)) ;
         System.out.println("是一个三角形,能计算面积");
         System.out.println("面积是:" + area);
       }  else {
          System.out.println("不是一个三角形,不能计算面积");
       }
    }
  public void set(double a, double b, double c) {
     sideA = a;sideB = b;sideC = c;
     if(a + b > c&&a + c > b&&c + b > a) {
       flag = true;
     }  else  {
       flag = false;
     }
    }
}
//flyhorse.java
import www.horsefly.Trangle;
import java.util.Date;
public class flyhorse {
     public static void main(String args[ ])  {
          Trangle trangle = new Trangle(12,3,104);
          trangle.jsmj( );
          trangle.set(3,4,5);
          trangle.jsmj( );
          Date 今天 = new Date( );
          System.out.println("今天是:" + 今天);
     }
}
```

flyhorse 本地编译运行结果如图 5-2 所示。

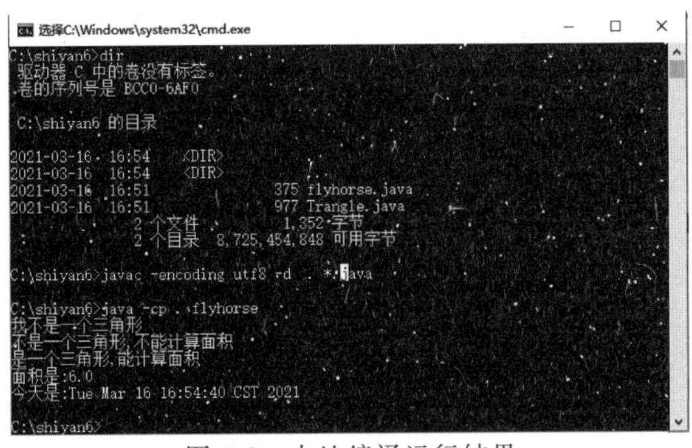

图 5-2 本地编译运行结果

本地编译后生成的目录结构如图 5-3 所示。

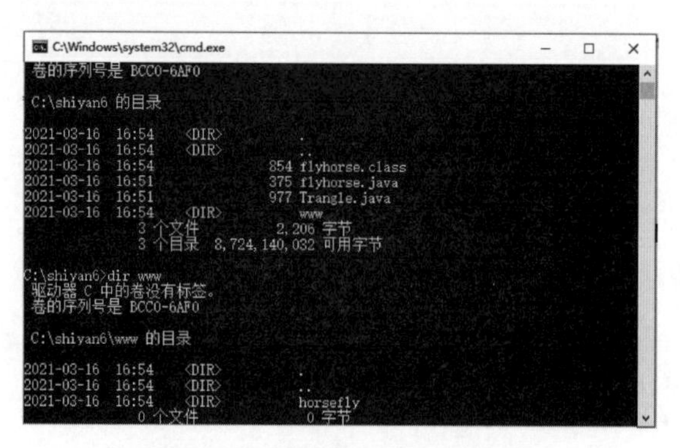

图 5-3　本地编译后的目录结构

请解释 import www.horsefly.Trangle;语句的作用：________________。

程序中 package www.horsefly;这条语句的含义是：

________________________________。

编译后，Trangle.class 所在的路径是：________________。

请回答在 Java 中，包名和操作系统的目录之间有什么关系：________________。

(5) 带包移植。将带包的程序移植到鲲鹏云服务器上，因为操作系统的不同，可能对目录和路径的使用也不相同，所以在远程鲲鹏云服务器上把上面的实验运行一遍，看看有哪些不同。

① 首先，登录华为云，单击“控制台”，选择原来购买区域的服务器，选择“更多”→“开机”选项，弹出如图 5-4 所示对话框，单击“是”按钮，等待服务器启动成功。

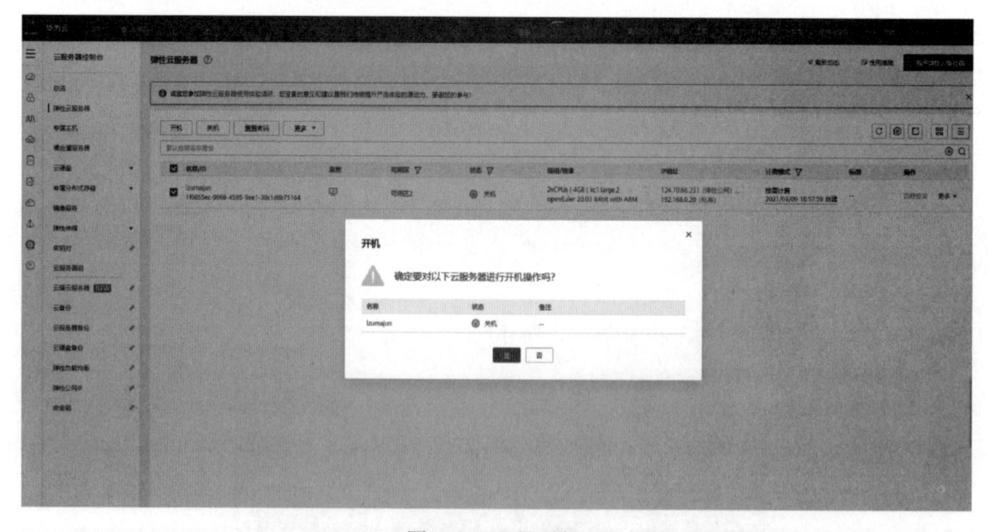

图 5-4　远程开机

② 打开 WinSCP 软件，输入远程鲲鹏云服务器的 IP 地址和 root 密码，等待连接成功后，如图 5-5 所示，将 flyhorse.java 和 Trangle.java 拖（复制）到右侧鲲鹏云服务器/root/java/目录下。

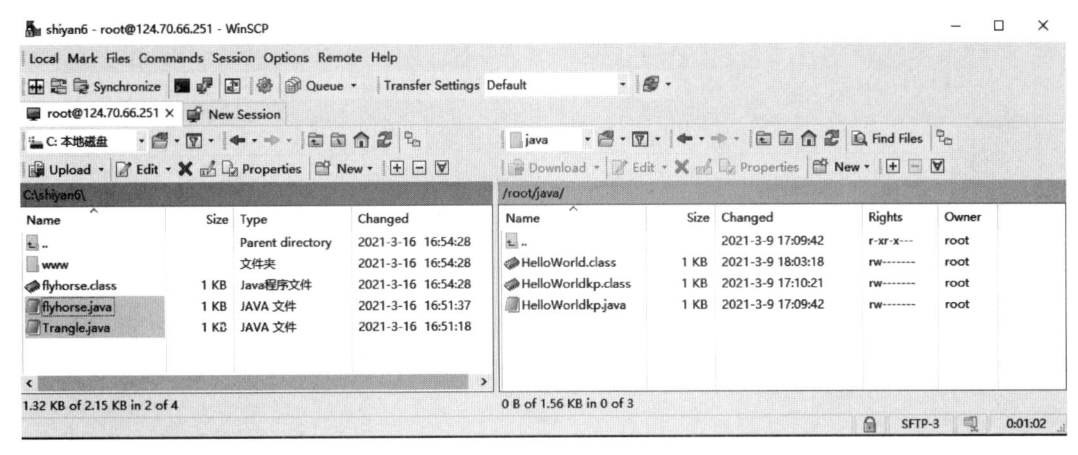

图 5-5 用 WinSCP 上传源程序文件

③ 双击 PuTTY,输入服务器 IP 地址和 root 密码,连接到远程鲲鹏云服务器,切换到 Java 目录下,用 ls 命令查看源程序是否已经上传成功,然后用以下命令编译和运行,运行结果如图 5-6 所示,然后再用 ls 命令查看是否多了一个 www 目录。

124.70.66.251 - PuTTY

```
[root@lzumajun java]# ls -l
total 20
-rw------- 1 root root 375 Mar 16 16:51 flyhorse.java
-rw------- 1 root root 715 Mar  9 18:03 HelloWorld.class
-rw------- 1 root root 710 Mar  9 17:10 HelloWorldkp.class
-rw------- 1 root root 173 Mar  9 17:09 HelloWorldkp.java
-rw------- 1 root root 977 Mar 16 16:51 Trangle.java
[root@lzumajun java]# javac -encoding utf8 -d  . *.java
[root@lzumajun java]# java -cp  . flyhorse
我不是一个三角形
不是一个三角形,不能计算面积
是一个三角形,能计算面积
面积是:6.0
今天是:Tue Mar 16 17:33:00 CST 2021
[root@lzumajun java]# ls -l
total 28
-rw------- 1 root root  854 Mar 16 17:32 flyhorse.class
-rw------- 1 root root  375 Mar 16 16:51 flyhorse.java
-rw------- 1 root root  715 Mar  9 18:03 HelloWorld.class
-rw------- 1 root root  710 Mar 16 17:32 HelloWorldkp.class
-rw------- 1 root root  173 Mar  9 17:09 HelloWorldkp.java
-rw------- 1 root root  977 Mar 16 16:51 Trangle.java
drwx------ 3 root root 4096 Mar 16 17:32 www
[root@lzumajun java]#
```

Jave编译器生成的目录

图 5-6 远程鲲鹏云服务器编译运行结果

④ 如果不继续在服务器上工作或做实验,一定记得关闭服务器,如图 5-7 所示,选择"更多"→"关机"选项,在弹出的对话框中选中"强制关机"复选框,再单击"是"按钮,然后就可以关闭浏览器了。

请读者解释 javac -encoding utf8 -d . *.java 代码的含义。

虽然本地采用 x86 架构的 Windows 系统,即一般是 Intel 的指令集,而鲲鹏云服务器采用的是鲲鹏指令集和 openEuler 操作系统,但 Java 程序在本地和远程鲲鹏云服务器不做任何修改就可以编译和运行,运行结果也是一致的,这是为什么?

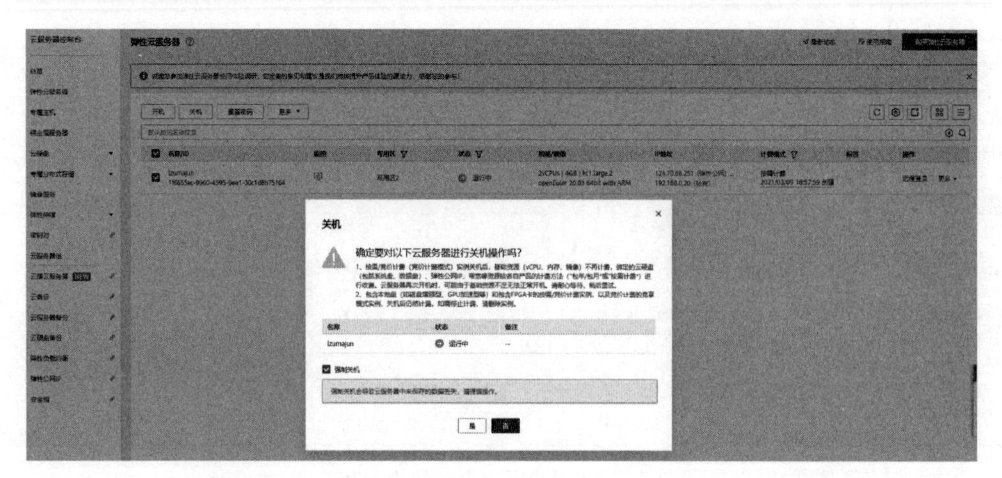

图 5-7　关闭远程鲲鹏云服务器

5.3.2　填空实验

(1) 理解单态设计模式。单态设计模式就是指设计的类不能随意地通过 new 来创建对象，在程序运行期间，只存在一个对象，该对象可完成所有的相关逻辑操作，不需要另外创建对象。单态设计模式有很多写法，主教材中介绍了饿汉模式，在实验教材中另介绍一种懒汉模式，懒汉模式就是类加载完成后并不马上创建对象，只有当进程需要该对象时才创建对象。如下面的示例，请参考主教材知识完成填空。

```
//Singleton.java
public class Singleton {
    private static Singleton instance  =  null;
    ________ Singleton() {                          //封装构造方法
    }

    public static Singleton getInstance(){
      if (instance  ==  null) {
            ____________________;                   //创建 Singleton 对象
      }
      return instance;
    }
    public void displayinfo(){
        System.out.println("Hello, I am a Singleton Object!");
    }
}
//TestSingleton.java
public class TestSingleton {
   public static void main(String[] args) {
    //Singleton obj1 = new Singleton();             //无法创建对象
    Singleton obj = ________________;               //获得 Singleton 对象
   __________;                                      //通过该对象调用 displayinfo()方法
   }
}
```

(2) 理解接口和动态加载执行。以下程序是一个 Java 多态接口动态加载示例程序。

该程序是一个通用程序，用来计算每一种交通工具行驶1000千米所需的时间，已知每种交通工具的参数都是3个整数A、B、C的表达式。现有两种工具：Car和Plane，其中Car的速度运算公式为：A * B/C，Plane的速度运算公式为：A+B+C。将来如果增加第3种交通工具的时候，不必修改此通用程序，只需要编写新的交通工具的程序即可。

注意：

① 充分利用接口的概念，用类对象充当参数。根据需求可以设计一个接口Common和三个类：一个主控类ComputerTime，两个交通工具类Plane、Car，未来增加新的交通工具增加新的类即可。其运行过程是，从命令行输入类ComputerTime的4个参数，第一个是交通工具的类型，第二、第三、第四个参数分别是整数A、B、C，举例如下。

- 计算Plane的时间：java ComputerTime Plane 20 30 40
- 计算Car的时间：java ComputerTime Car 23 34 45

② 实例化对象除了主教材中学习的new构造方法，还有另外一种方法，通过动态加载类的方式实现：Class.forName(str).newInstance();，例如需要实例化一个Plane对象，只要调用Class.forName(类名).newInstance()即可。

请填空完成程序，并学习包的使用、接口的使用、动态加载类等知识。

```
//Common.java
package CalTime.vehicle.all;
public interface Common {
   double runTimer(double a, double b, double c);  //定义接口方法
}
//文件 Plane.java
package CalTime.vehicle;
________________________________                 //导入 Common 接口
public class Plane implements Common {
   public double runTimer(double a, double b, double c) {
      return (a + b + c);
   }
}
//文件 Car.java
package CalTime.vehicle;
import CalTime.vehicle.all.Common;
public class Car implements Common {
   ________________________________             //仿照上面 Plane 类填写
   ________________________________
   ________________________________
}
//文件 ComputerTime.java
import CalTime.vehicle.all.Common;
import java.lang.*;
public class ComputerTime {
   public static void main(String args[]) {
      System.out.println("交通工具: " + args[0]);
      System.out.println(" 参数 A: " + args[1]);
      System.out.println(" 参数 B: " + args[2]);
      System.out.println(" 参数 C: " + args[3]);
      double A = Double.parseDouble(args[1]);
      double B = Double.parseDouble(args[2]);
      double C = Double.parseDouble(args[3]);
```

```
        double v,t;
        try {
            Common d = (Common)
Class.forName("CalTime.vehicle." + args[0]).newInstance();//该语句的意思是动态加载
//CalTime.vehicle.Car 类并创建一个实例对象,假设输入的参数是 Car.用接口 Common 定义的
//引用 d 指向该对象
            v = d.runTimer(A,B,C);                  //调用 d 对象实现的接口方法 runTimer()
            t = 1000/v;
            System.out.println("平均速度: " + v + " km/h");
            System.out.println("运行时间: " + t + " 小时");
        } catch(Exception e)    {
            System.out.println("class not found");
        }
    }
}
```

请在当前目录编译，编译命令：javac -d . Common.java Car.java Plane.java ComputerTime.java

然后运行，运行命令：java -cp . ComputerTime Car 100 50 70

java -cp . ComputerTime Plane 130 50 70

请将运行结果抄在下面：

5.3.3 设计实验

(1) 给 5.3.2 节填空实验第(2)题中的通用程序 ComputerTime 增加一种新的交通工具 Ship，假设该 Ship 工具的速度运算公式为：A+B/C，请设计类程序 Ship.java，编译后运行下列命令：

```
java ComputerTime Ship 40 100 25
```

输出结果如图 5-8 所示。

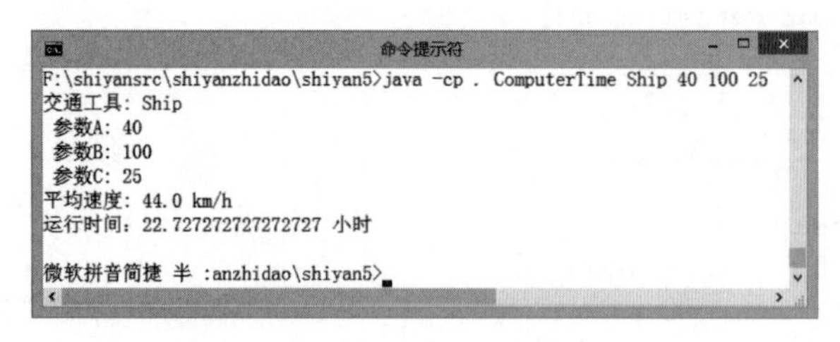

图 5-8 新交通工具 Ship 的运行时间

(2) 请参考抽象类 Disk，设计两个类 SSD 和 SATA 分别表示一般固态硬盘和基于 SATA 口的固态硬盘，最后使用 TestDisk 类测试效果。

```
//Disk.java
public abstract class Disk {                          //抽象类 Disk
//不管什么磁盘,都具备"价格、厂家、型号"这几个属性,子类直接继承即可
```

```
    protected Float price;                        // 价格
    protected String manufacturer;                // 厂家
    protected String model;                       // 型号
//不同的磁盘,读写方式差别很大,所以声明为 abstract,强制子类必须改写
    abstract void read();
    abstract void write();
//如下方法是各种磁盘通用的,直接继承即可,无须改写
    public String getManufacturer(){
        return manufacturer;
   }
    public void setManufacturer(String manufacturer){
        this.manufacturer = manufacturer;
    }
    public String getModel(){
        return model;
    }
    public void setModel(String model){
        this.model = model;
    }
    public Float getPrice(){
        return price;
    }
    public void setPrice(Float price){
        this.price = price;
    }
}
//TestDisk.java
public class TestDisk {
    public static void main(String[] args) {
        Disk disk;
        //disk = new Disk();            //编译错误: Cannot instantiate the type Disk
        disk = new SSD();
        disk.read();                    // OK, 最终调用 read(), 输出"SSD read, very fast"
        disk.write();                   // OK, 最终调用 write(), 输出"SSD write, very fast"
        System.out.println(disk.getManufacturer());
                                        // OK, 最终调用 getManufacturer(), 输出"Seagate"
        System.out.println(disk.getModel());
                                        // OK,最终调用 getModel(),输出"ssd"
        System.out.println(disk.getPrice());
                                        // OK,最终调用 getPrice(),输出"500.5"
        disk = new SATA();
        disk.read();                    // OK, 最终调用 read(), 输出"SATA read, very slow"
        disk.write();                   // OK, 最终调用 write(), 输出"SATA write, very slow"
        System.out.println(disk.getManufacturer());
                                        // OK, 最终调用 getManufacturer(), 输出"Maxtor"
        System.out.println(disk.getModel());
                                        // OK, 最终调用 getModel(),输出"sata"
        System.out.println(disk.getPrice());
                                        // OK, 最终调用 getPrice(),输出"100.5"
    }
}
```

第6章 异常处理、日志和核心工具类使用

6.1 实验目的

- 理解 Java 的面向对象方式异常处理机制。
- 掌握 try、catch、throw、throws、finally 五个关键字的用法。
- 掌握常用的几个异常类,学会自定义异常类。
- 了解日志的概念和日志的使用技术。
- 掌握常用类的使用,如 String、System、Math、Arrays 等。

6.2 相关知识

异常是程序执行过程中出现的非正常状况,程序设计的一个很重要的内容就是检测和处理各种可能的异常。Java 的异常处理采用面向对象的处理方式,即在程序执行过程中,如果出现异常,则抛出异常对象,然后通过对此异常对象的捕获进行处理。try 关键字用来尝试执行语句段,catch 关键字用来捕获异常对象,throw 用来明确地抛出异常对象,throws 用来声明一个方法有可能抛出哪些异常,finally 关键字代表不管是否有异常,都要执行的代码段。

Java 学习初级阶段常用的异常类有 Exception、ArrayIndexOutOfBoundsException、NumberFormatException、ArithmeticException 等,也可以设计自己的异常类,一般自定义的异常类应该是 Exception 类的子类。

Java 提供了两种处理字符串的类,一个为 String 类,代表它所指向的字符串内容不可更改;另一个为 StringBuffer 类,它所指向的字符串内容是可以动态修改的。Java 提供了 System 类用来获取操作系统的相关参数和功能,Math 类中提供了大量的数学初等函数;同时 java.util 包中提供了 Arrays 类用来处理数组相关的任务、Date 类用来处理时间相关任务,还有 Calendar 类用来处理日历相关任务等。

程序中记录日志一般有两个目的:发现并修正错误和显示程序运行状态。好的日志记录方式可以提供足够多的定位问题的依据。日志记录同学们都会认为简单,但如何通过日志高效定位问题并不是简单的事情,本实验中只演示简单的日志使用技术。

6.3 实验内容

6.3.1 验证实验

(1) 理解异常。Java 采用的是面向对象的异常处理机制,下例编写了用于演示异常处理机制的 try-catch 代码,用于测试 ArrayIndexOutOfBoundsException 异常,请编译运行后填空。

视频讲解

```
public class CatchException  {
   public static void main(String[ ] args) {
      int [ ] myarr = new int[10];
      try  {
        myarr[10] = 10;
      }
      catch(ArrayIndexOutOfBoundsException e)  {
        System.out.println("数组下标越界异常!");
      }
   }
}
```

以上程序可能引发异常的语句是:________________________________。

解释 try 和 catch 的作用:

____。

(2) 理解异常处理关键字。编写用于演示异常处理机制的 try-catch-finally 代码。在此程序中,当一个数字除以 0 时,将引发 ArithmeticException 异常,引发的异常被 catch 捕获,请编译运行后填空。

```
class Program  {
  String name =  "兰州大学信息学院";
  int no1 = 10;
  int no2 = 0;
   public Program()  {
     try {
       System.out.println(name);
       System.out.println("相除结果为: " + no1/no2);
     }
     catch(ArithmeticException I){
        System.out.println("不能除以 0! ");
     }
     finally {
        name = null;
        system.out.println("Finally 已执行!");
     }
}
public static void main(String args[ ]){
  new Program();}
}
```

解释 finally 关键字的作用：

____。

此程序中引发异常的语句为________________________________。

修改方法：____。

(3) 自定义异常。编写以下 Myexception 类程序演示自定义异常，请编译运行后填空。

```
class Myexception extends Exception   {
    String mymsg = "我的异常信息!";
    Myexception()
    {super("我自己定义的异常");}
    Myexception(String msg){super(msg);}
    public void displayme(){System.out.println(mymsg);}
}
class ExceptionTest   {
     public static void main(String[] args) {
       try {
         if(args[0].charAt(0) == 'A')   {
             Myexception e = new Myexception();
             throw e;
         }else{
             System.out.println(args[0]);
         }
       }
        catch(Myexception aaaa)   {
             System.out.println(aaaa.getMessage());
             aaaa.displayme();
        }
     }
}
```

用 java ExceptionTest "Abcde"执行后的输出结果：

用 java ExceptionTest "12345"执行后的输出结果：

(4) 理解可变字符串 StringBuffer 类。用记事本输入以下程序以 StringBufferExample.java 存盘，编译运行并填空。

```
class StringBufferExample {
   public static void main(String args[]) {
      StringBuffer str = new StringBuffer("ABCDEFG");
      str.append("123456789");
      System.out.println(str);
      str.setCharAt(1,'b');
      System.out.println(str);
      str.insert(6,"Love");
      System.out.println(str);
      int index = str.indexOf("1");
      str.delete(index ,index + 4);
```

```
        int n = str.length();
        str.replace(n - 3,n ,"七八九");
        System.out.println(str);
        StringBuffer otherStr = new StringBuffer("we love you");
        int start = 0;
        char c = '\0';
        while(start!= -1) {
          if(start!= 0){
              start = start + 1;
            }
          c = otherStr.charAt(start);
          if(Character.isLowerCase(c)){
             c = Character.toUpperCase(c);
             otherStr.setCharAt(start,c);
           }
         start = otherStr.indexOf(" ",start);//查找下一个空格
        }
        System.out.println(otherStr);
        StringBuffer yourStr = new StringBuffer("i Love THIS GaME");
        for(int i = 0;i < yourStr.length();i++)  {
            char c1 = yourStr.charAt(i);
            if(Character.isLowerCase(c1)){
               c1 = Character.toUpperCase(c1);
               yourStr.setCharAt(i,c1);
            }
          else if(Character.isUpperCase(c1)) {
            c1 = Character.toLowerCase(c1);
            yourStr.setCharAt(i,c1);
          }
        }
        System.out.println(yourStr);
    }
}
```

StringBuffer 类和 String 类的区别在于：

____。

str.append("123456789");的作用是：

____。

str.replace(n-3,n,"七八九");的作用是：

____。

(5) 学习 System 类。System 类是 java.lang 包中的一个系统类，它包含一些有用的属性和方法，不能被实例化。在 System 类提供的静态成员变量中，有标准输入、标准输出和错误输出流；提供的方法中有访问操作系统中定义的属性和环境变量；有加载文件和库的方法；还有快速复制数组的一部分的实用方法。编译并执行以下程序，并回答相关问题。

```
import java.util. * ;
public class SystemTest {
   public static void main(String[ ] args){
     long starttime = System.currentTimeMillis();
     String path = System.getenv("path");
     Properties myprop = System.getProperties();
```

```
        System.out.println("version:" + myprop.getProperty("java.version"));
        System.out.println("java home:" + myprop.getProperty("java.home"));
        System.out.println("path = " + path);
        long endtime = System.currentTimeMillis();
        System.out.println("spent time:" + (endtime - starttime));
    }
}
```

currentTimeMillis()方法的作用是______________________________。

解释 System.getenv("path");语句的作用______________________________。

写出这句执行的结果______________________________。

(6) DateFormat 和 Calendar 测试。Calendar 类是一个抽象类，它为特定瞬间与一组诸如 YEAR、MONTH、DAY、HOUR、DAY_OF_MONTH 等日历字段之间的转换提供了一些方法，并为操作日历字段(例如获得下星期的日期)提供了一些方法。瞬间可用毫秒值来表示，它是距历元(即格林尼治标准时间 1970 年 1 月 1 日的 00:00:00.000，格里高利历)的偏移量，虽然它不是可视的组件，但在后面很容易使用它设计出可视的万年历组件。

DateFormat 是日期/时间格式化子类的抽象类，它以与语言无关的方式格式化并解析日期或时间。日期/时间格式化子类(如 SimpleDateFormat)允许进行格式化(也就是日期→文本)、解析(文本→日期)和标准化。将日期表示为 Date 对象，或者表示为从 GMT(格林尼治标准时间)1970 年 1 月 1 日 00:00:00 这一刻开始的毫秒数。它的直接子类为 SimpleDateFormat。输入并编译和执行以下程序，回答后面的问题。

```
import java.text.*;
import java.util.*;
class CalendarTest {
  public static void main(String[] args) {
    Calendar calendar = Calendar.getInstance();
    calendar.setTime(new Date());
    String  year = String.valueOf(calendar.get(Calendar.YEAR)),
          month = String.valueOf(calendar.get(Calendar.MONTH) + 1),
          day = String.valueOf(calendar.get(Calendar.DAY_OF_MONTH)),
          weekday = String.valueOf(calendar.get(Calendar.DAY_OF_WEEK) - 1);
   int hour = calendar.get(Calendar.HOUR_OF_DAY),
      minute = calendar.get(Calendar.MINUTE),
      second = calendar.get(Calendar.SECOND);
   System.out.println("现在的时间是：");
   System.out.println(year + "年" + month + "月" + day + "日" + "星期" + weekday);
   System.out.println(hour + "时" + minute + "分" + second + "秒");
   calendar.set(2008,2,8);              //将日历翻到 2008 年 3 月 8 日
   long time2008 = calendar.getTimeInMillis();
   calendar.set(2009,2,8);              //将日历翻到 2009 年 3 月 8 日
   long time2009 = calendar.getTimeInMillis();
   long days = (time2009 - time2008)/(1000 * 60 * 60 * 24);
   System.out.println("2009 年 3 月 8 日和 2008 年 3 月 8 日相隔" + days + "天");
   Date date = new Date();
   SimpleDateFormat dateFm1 = new SimpleDateFormat("EEEE - MMMM - dd - yyyy");
   System.out.println(dateFm1.format(date));
   DateFormat dateFm2 = DateFormat.getDateTimeInstance(DateFormat.SHORT,
   DateFormat.SHORT);
```

```
        System.out.println(dateFm2.format(date));
    }
}
```

试解释 Calendar.getInstance()的作用______________________________。

解释 calendar.set(2008,2,8)的作用______________________________。

解释 SimpleDateFormat("EEEE-MMMM-dd-yyyy")中 E,M,d,y 的含义__________

____。

(7) 简单日志使用。对于一般的日志使用,非常类似于 System.out.println()方法,使用 java.util.logging 包中 Logger 类的静态方法获取一个日志记录器对象,然后调用 info()方法等输出日志。

```
//TestLogging.java
import java.io.IOException;
import java.util.logging.ConsoleHandler;
import java.util.logging.FileHandler;
import java.util.logging.Level;
import java.util.logging.Logger;
public class TestLogging {
    public static void main(String[] args) throws IOException {
        Logger log = Logger.getLogger("javasoft");
        log.setLevel(Level.INFO);
        Logger log1 = Logger.getLogger("javasoft");
        System.out.println(log == log1);// true,因为采用了单态模式设计
        Logger log2 = Logger.getLogger("javasoft.blog");
        ConsoleHandler consoleHandler = new ConsoleHandler();
        consoleHandler.setLevel(Level.FINE);
        log1.addHandler(consoleHandler);
        FileHandler fileHandler = new FileHandler("d:/temp/testlog%g.log");
        log2.addHandler(fileHandler);
        log2.setLevel(Level.FINEST);
        log1.severe("严重");
        log1.warning("警告");
        log1.info("信息");
        log1.config("配置");
        log1.fine("良好");
        log1.finer("较好");
        log1.finest("最好");
        log2.severe("严重");
        log2.warning("警告");
        log2.info("信息");
        log2.config("配置");
        log2.fine("良好");
        log2.finer("较好");
        log2.finest("最好");
    }
}
```

编译运行后输出到 d:/temp/testlog0.log 的文件部分内容如图 6-1 所示。

请查询资料回答,Java 的日志一共有几个级别? 默认开启的级别是哪个?

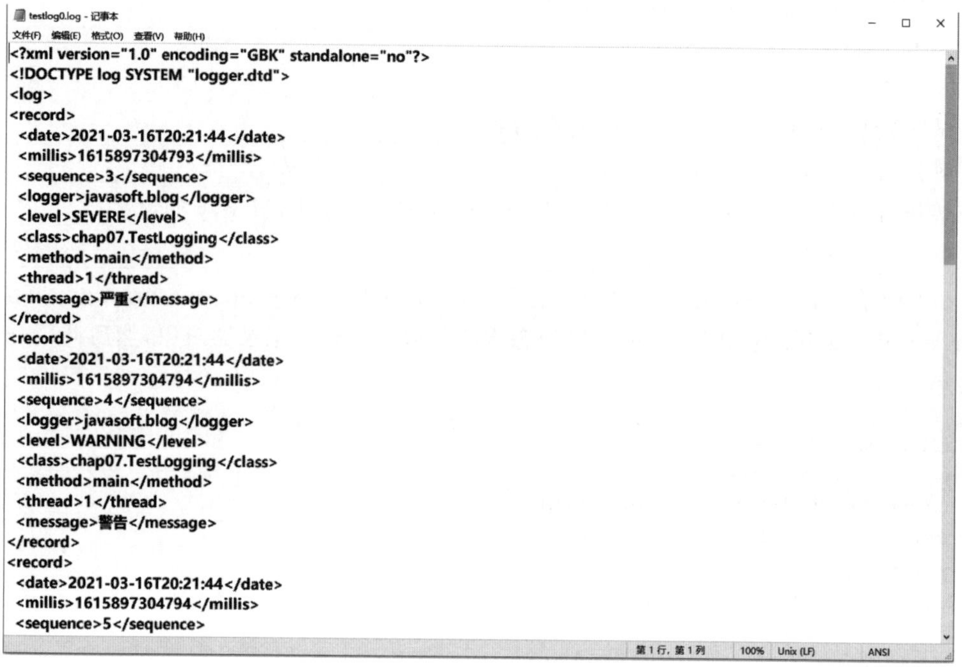

testlog0.log - 记事本

文件(F) 编辑(E) 格式(O) 查看(V) 帮助(H)


```xml
<?xml version="1.0" encoding="GBK" standalone="no"?>
<!DOCTYPE log SYSTEM "logger.dtd">
<log>
<record>
  <date>2021-03-16T20:21:44</date>
  <millis>1615897304793</millis>
  <sequence>3</sequence>
  <logger>javasoft.blog</logger>
  <level>SEVERE</level>
  <class>chap07.TestLogging</class>
  <method>main</method>
  <thread>1</thread>
  <message>严重</message>
</record>
<record>
  <date>2021-03-16T20:21:44</date>
  <millis>1615897304794</millis>
  <sequence>4</sequence>
  <logger>javasoft.blog</logger>
  <level>WARNING</level>
  <class>chap07.TestLogging</class>
  <method>main</method>
  <thread>1</thread>
  <message>警告</message>
</record>
<record>
  <date>2021-03-16T20:21:44</date>
  <millis>1615897304794</millis>
  <sequence>5</sequence>
```


第1行，第1列　100%　Unix (LF)　ANSI

图 6-1　运行后生成的日志文件

6.3.2　填空实验

(1) 以下是自定义了一个异常类，并进行了测试，请填空完成程序设计。

```java
/* ExceptionExample.java */
________________________________          //定义异常类 NoLowerLetter
{
   public void print() {
      System.out.printf("%c",'#');
   }
}
____________________________________      //声明异常类 NoDigit
{
   public void print() {
      System.out.printf("%c",'*');
   }
}
class Test  {
  void  printLetter(char c) throws NoLowerLetter {
     if(c<'a'||c>'z')    {
        NoLowerLetter noLowerLetter = _________________     // 创建 NoLowerLetter 对象
        ______________________________________________     // 抛出 noLowerLetter 异常
     } else  {
        System.out.print(c);
     }
  }
  void  printDigit(char c) throws NoDigit {
     if(c<'1'||c>'9') {
```

```
            NoDigit noDigit = ______________________        // 创建 NoDigit()对象
            ________________________________________        // 抛出 noDigit 异常
        } else {
            System.out.print(c);
        }
    }
}
public class ExceptionExample {
    public static void main (String args[]) {
        Test t = new Test( );
        for(int i = 0;i < 128;i++) {
            try {
                t.printLetter((char)i);
            } catch(NoLowerLetter e) {
                e.print();
            }
        }
        for(int i = 0;i < 128;i++) {
            try {
                t.printDigit((char)i);
            }catch(NoDigit e){
                e.print( );
            }
        }
}
}
```

(2) 测试 String 类的使用。

```
class StringExample   {
    public static void main(String args[]) {
        String s1 = new String("you are a student"),
            s2 = new String("how are you");
        if (______________________________) {          // 判断 s1 与 s2 是否相同
            System.out.println("s1 与 s2 相同");
        } else {
            System.out.println("s1 与 s2 不相同");
        }
        String s3 = new String("620102197210015331");
        if (____________________) {                    // 判断 s3 的前缀是否是"620102"
            System.out.println("甘肃省的身份证");
        }
        String s4 = new String("你"),
            s5 = new String("我");
        if(______________________________) {
            System.out.println("按字典序 s4 大于 s5");
        } else {
            System.out.println("按字典序 s4 小于 s5");
        }
        int position = 0;
        String path = "\\shiyan\\src\\shiyan3\\People.java";
        position = ____________________        //获取 path 变量中最后出现目录分隔符号的位置
        System.out.println("\\shiyan\\src\\shiyan3\\People.java 中最后出现\\的位置:" +
position);
```

```
        String fileName = ____________________//获取 path 变量中"People.java"子字符串
        System.out.println("\\shiyan\\src\\shiyan3\\People.java 中含有的文件名:" + fileName);
        String s6 = new String("100"), s7 = new String("123.678");
        int n1 = ________________________________________    // 将 s6 转化成 int 型数据
        double n2 = ______________________________           // 将 s7 转化成 double 型数据
        double n = n1 + n2;
        System.out.println(n);
        String s8 = new String("ABCDEF");
        char a[] = ______________________________            // 将 s8 存放到数组 a 中
        for(int i = a.length - 1;i >= 0;i -- ) {
            System.out.printf(" %3c",a[i]);
        }
    }
}
```

(3) StringBuilder 类测试。StringBuilder 类的功能基本和 StringBuffer 类一样，运行速度更快，但它不是线程安全的，在多线程环境中还是建议使用 StringBuffer 类。

```
public class Shiyan6_2_3{
    public static void main(String[] args){
        StringBuilder s1 = new StringBuilder();
        System.out.println("StringBuilder 对象的默认空间大小为: " + s1.capacity());
        StringBuilder s2 = new StringBuilder("abcd1234");
        System.out.println("当前字符串为: " + s2.toString() + ",容量为: " + s2.capacity() + ",
长度为: " + s2.length());
        System.out.println("s2.delete(3,6) = " + s2.delete(3,6).toString());
        System.out.println("s2.reverse() = " + s2.reverse().toString());
        System.out.println("s2.append(20.2) = " + s2.append(20.2).toString());
        s2 = s2.insert(2,"1234567890");
        System.out.print("当前字符串: " + s2.toString() + ",容量为: " + s2.capacity());
        s2 = s2.insert(3,"1234567890");
        System.out.print("当前字符串: " + s2.toString() + ",容量为: " + s2.capacity());
    }
}
```

(4) Math 类测试。Math 类包含用于执行基本数学运算的方法，如初等指数、对数、平方根和三角函数等。输入以下程序，填空使其完整。

```
class Mathtest {
    public static void main(String[] args){
        System.out.println("PI = " + ________);                //神秘数字 3.1415926
        System.out.println("E = " + ________);                 //神秘数字 2.71828
        System.out.println("ceil(2.3) = " + Math.ceil(2.3));
        System.out.println("abs( - 2.3) = " + Math.abs( - 2.3));
        System.out.println("sqrt(2) = " + Math.sqrt(2));
        System.out.println("random() = " + Math.random());
        System.out.println("sin(3.14/6) = " + ________);       //正弦函数
        System.out.println("exp(1) = " + Math.exp(1));
        System.out.println("log(2.71828) = " + Math.log(2.71828));
        System.out.println("pow(2,3) = " + Math.pow(2,3));
System.out.println("toDegrees(3.1415926/6) = " + Math.toDegrees(Math.PI/6));
        System.out.println("cbrt(8) = " + ________));          //开立方根
    }
}
```

(5) Arrays 类测试。java.util 包中的 Arrays 类提供了用于处理数组的静态方法,包括排序 sort()、二分法搜索(前提是数组必须有序) binarySearch()、比较数组是否相等的 equals()以及用特定值填充数组元素的 fill()方法等。请查阅 JavaDoc 说明文档,阅读并填空后,编译运行以下程序。

```
______________________________//导入 Arrays 类
public class Shiyan6_2_5 {
   public static void main(String[ ] args){
      int[ ] a = {5,1,3,2,4,8,7,9,10,6};
      System.out.print("排序前: ");
      for(int i = 0;i < a.length;i++) System.out.print("  " + a[i]);
                                                //调用 Arrays 类的排序方法,对 a 排序
      ______________________________
      System.out.print("\n 排序后: ");
      for(int i = 0;i < a.length;i++) System.out.print("  " + a[i]);
      System.out.print("\n 查找元素值 4");
      int k = ______________________________    //二分法查找元素 4
      if(k < 0) System.out.print("\n 没有找到元素值 4");
      else System.out.print("\n 元素值 4 在数组中的下标为: " + k);
      int[ ] c = new int[10]; int[ ] d = new int[10];
      Arrays.fill(c,4); Arrays.fill(d,4);
      System.out.print("\n 数组 c: ");
      for(int i = 0;i < c.length;i++) System.out.print("  " + c[i]);
      System.out.println("\nequals(a,c) = " + Arrays.equals(a,c));
      System.out.println("equals(c,d) = " + Arrays.equals(c,d));
   }
}
```

6.3.3 设计实验

(1) 参考主教材第 2 章的程序例 2-34,编写一个命令行计算器程序,用于接收来自命令行的三个参数,前两个为整型数字,第三个为运算符。将这两个数字进行整型数运算并将结果输出,处理所有可能的异常,如图 6-2 所示。

```
F:\shiyansrc\shiyanzhidao\shiyan6>java shiyan6_3_1 56 + 7
result=63
不管是否有异常,总是要执行

F:\shiyansrc\shiyanzhidao\shiyan6>java shiyan6_3_1 56 / 7
result=8
不管是否有异常,总是要执行

F:\shiyansrc\shiyanzhidao\shiyan6>java shiyan6_3_1 56 / 0
捕获到了数学类异常,除数不能为0
请重新输入除数:
6
result=9
不管是否有异常,总是要执行
```

图 6-2 程序运行示意图

提示:应该使用多个 catch 语句,一个用于捕获 ArrayIndexOutOfBoundsException 异常,处理从命令行传来的参数个数可能不对的情况;一个用于捕获数学类溢出异常,即 ArithmaticException 类型异常,还有一个用于捕获 NumberFormatException 异常,处理输入参数中含有非法字符,无法将其转换为数字这种情况。并建议参考主教材第 4 章的程序例 4-2 对捕获的 ArithmaticException 异常进行补救处理。

(2) 试参考主教材中建模,抽象一个万年历程序。首先抽象 Month 类用来存储某个月

的日历数据，建议抽象该月天数，其中1日是星期几，还应该有一个二维(7×8列)字符串数组，其中第1行存储星期名称，从第2行开始存储日期。在此类的基础上编写万年历程序，输入年份，打印出此年的年历，如图6-3所示。

1月

星期日	星期一	星期二	星期三	星期四	星期五	星期六
			1	2	3	4
5	6	7	8	9	10	11
12	13	14	15	16	17	18
19	20	21	22	23	24	25
26	27	28	29	30	31	

2月

星期日	星期一	星期二	星期三	星期四	星期五	星期六
						1
2	3	4	5	6	7	8
9	10	11	12	13	14	15
16	17	18	19	20	21	22
23	24	25	26	27	28	

3月

星期日	星期一	星期二	星期三	星期四	星期五	星期六
						1
2	3	4	5	6	7	8
9	10	11	12	13	14	15
16	17	18	19	20	21	22
23	24	25	26	27	28	29
30	31					

4月

星期日	星期一	星期二	星期三	星期四	星期五	星期六
		1	2	3	4	5
6	7	8	9	10	11	12
13	14	15	16	17	18	19
20	21	22	23	24	25	26
27	28	29	30			

5月

星期日	星期一	星期二	星期三	星期四	星期五	星期六
				1	2	3
4	5	6	7	8	9	10
11	12	13	14	15	16	17
18	19	20	21	22	23	24
25	26	27	28	29	30	31

6月

星期日	星期一	星期二	星期三	星期四	星期五	星期六
1	2	3	4	5	6	7
8	9	10	11	12	13	14
15	16	17	18	19	20	21
22	23	24	25	26	27	28
29	30					

7月

星期日	星期一	星期二	星期三	星期四	星期五	星期六
		1	2	3	4	5
6	7	8	9	10	11	12
13	14	15	16	17	18	19
20	21	22	23	24	25	26
27	28	29	30	31		

8月

星期日	星期一	星期二	星期三	星期四	星期五	星期六
					1	2
3	4	5	6	7	8	9
10	11	12	13	14	15	16
17	18	19	20	21	22	23
24	25	26	27	28	29	30
31						

图6-3　××××年年历截图

提示：首先使用java.util包中的Calendar类getInstance()方法得到一个Calendar类对象，然后在创建Month类对象时，先设置相应的参数给Calendar对象，由此计算出此月1日是星期几，然后传给Month类构造方法创建对象，这样简单一点，打印年历时通过循环即可实现。

输入输出流程序设计基础

7.1 实验目的

- 掌握 Java 中的输入输出流的基本概念和分类方式。
- 掌握常用的字节流类和字符流类的使用。
- 掌握 RandomAccessFile 类和 File 类的使用。
- 学习并理解正则表达式的基本概念。
- 学习并掌握 Java 中如何使用正则表达式。

7.2 相关知识

跟 C 语言一样,Java 采用流机制来处理数据的输入输出,即在输入输出的数据中没有特定的控制符和记录的概念。Java 将流分为字节流和字符流,也可以分为节点流和过滤流。初级阶段应该掌握的常用流类有 InputStream、FileInputStream、DataInputStream、OutputStream、FileOutputStream、DataOutputStream、InputStreamReader、OutputStreamWriter 等。要注意 RandomAccessFile 类不在流的继承层次结构中,它是直接从 Object 类派生而来的,实现了 DataInput 和 DataOutput 接口。File 类用来对操作系统的目录进行管理,它的对象只能在外存设备中检测是否存在文件,对文件的属性进行修改,文件的删除、改名、复制等操作,不能直接读写对应的文件内容。

正则表达式(Regular Expression)是计算机科学中一个非常重要的概念,与形式语言和自动机理论密切相关,常用于描述某种词法规则,如标识符、邮箱或电话号码。在语言中提供支持正则表达式的描述和处理机制,可大幅增强程序的字符串处理能力。如编译器的词法分析机制中就包含了正则表达式的应用:从给定的字符串中识别出不同含义的单词(如类型名、变量、函数名等)。JDK 1.4 中新增许多正则表达式处理机制,如拓展 String 类以支持正则字符串处理,在 java.util.regex 包中提供了 Pattern 和 Matcher 类,用于正则表达式的处理等。

简单地理解正则表达式,就是将其看作是一种能够刻画某种词法规则的字符串。例如正则表达式 0[Xx]([0-9a-fA-F])+,就表示一个十六进制数字符串。其中[]表示可选字符的集合,[Xx]表示“x”或“X”任选其一;0-9 表示字符范围 0～9,()表示一个整体,+表示重复次数至少 1 次。因此该正则表达式的含义是:以 0 开头,第 2 个字符为 X 或 x,后面跟若干(至少1个)数字、字母a～f(或A～F)。

java.util.regex包中的Pattern类说明文档中，对构造正则表达式的规则进行了总结。表7-1列出了构造正则表达式的部分常用描述符号。

表7-1　Java正则表达式的部分常用描述符号

元字符描述：表示特定含义				量词描述：表示重复次数	
元字符	含义	元字符	含义	量词	含义
\d	数字	\w	字符a-zA-Z_0-9	X?	X至多出现一次
.	一个字符	\S	非空白字符	X*	X重复多次≥0
\s	空白字符	\D	非数字字符	X+	X重复多次≥1
[]	字符选集	\W	非字字符	X{n}	X重复n次
-	连续字符集	^	非字符集中字符	X{n,}	X重复至少n次
&&	并且	()	分组单位	X{n,m}	X至少n次最多m次

针对正则表达式，Java提供了专门用来进行模式匹配的类，这些类在java.util.regex包中，模式匹配就是检索和指定模式匹配的字符串。Java使用Pattern类创建模式对象，必须使用静态方法compile(String pattern)来完成对象的创建而不是通过new。例如：

```
Pattern p = Pattern.compile("a*b");
Pattern p1 = Pattern.compile("A\\d");
```

创建模式对象后，可调用matcher(CharSequence input)得到一个Matcher对象，称为匹配对象。例如：

```
Matcher m = p.matcher("aaaaab");
Matcher m1 = p1.matcher("A2");
```

创建匹配器对象后，可以使用它执行以下三种不同的匹配操作。

(1) matches()方法尝试将整个输入序列与该模式匹配。

(2) lookingAt()方法尝试将输入序列从头开始与该模式匹配。

(3) find()方法扫描输入序列以查找与该模式匹配的下一个子序列。

每个方法都返回一个表示成功或失败的布尔值。通过查询匹配器的状态可以获取关于成功匹配的更多信息，同时还可以使用replaceAll(String replacement)和replaceFirst(String replacement)完成匹配字符串的替换和修改工作。

正则表达式和模式匹配在现代程序设计中大量地使用，包括网页表单的数据校验、客户机程序的数据输入掩码设计，以及搜索引擎的设计等，都会用到这些概念，希望读者能自己主动学习这部分内容。

7.3 实验内容

7.3.1 验证实验

视频讲解

(1) 熟悉File类。编写以下程序来测试文件类File的常用方法，运行程序时，从命令行输入要测试的文件的路径和文件名，查看程序输出结果，并填空。

```
import java.io.*;
class FileMethods {
   public static void main(String args[]) {
     if(args.length == 0) {
        System.out.println("请输入文件名!");
        System.exit(0);                                        //结束程序
     }
File f1 = new File(args[0]);                                   //输入命令行参数
System.out.println("文件名: " + f1.getName());
System.out.println("路径: " + f1.getPath());
System.out.println("绝对路径: " + f1.getAbsolutePath());
System.out.println(f1.exists()?"文件存在" :"文件不存在");
System.out.println(f1.isDirectory()?"是目录": "是文件");
System.out.println(f1.isFile()?"是普通文件": "可能是命名管道");
if(f1.canRead())  {
   System.out.println("可以读取此文件");
}else{
   System.out.println("不能读取此文件");
}
if(f1.canWrite()){
   System.out.println("可以写入此文件");
}else{
   System.out.println("不能写入此文件");
}
System.out.println("此文件最后修改时间是 1970 年 1 月 1 日后的" + f1.lastModified() + "秒");
   }
}
```

试用 java FileMethods 执行,则执行结果是:

File 类用来____。

f1.isFile()用来____。

能否用 f1.write()和 f1.read()读写文件? 为什么?

(2) 测试文件流。输入以下程序,编译并运行和填空。

```
import java.io.*;
public class ByteStreamTest {
  public static void main(String[] args)throws IOException {
    FileOutputStream out1 = new FileOutputStream("data.txt");
    BufferedOutputStream out2 = new BufferedOutputStream(out1);    //缓冲
    DataOutputStream out = new DataOutputStream(out2);             //创建数据流
    out.writeByte(-12);
    out.writeLong(12);
    out.writeChar('A');
    out.writeUTF("中国");
    out.close();
    InputStream in1 = new FileInputStream("data.txt");
    BufferedInputStream in2 = new BufferedInputStream(in1);        //缓冲
```

```
        DataInputStream in = new DataInputStream(in2);
        System.out.println(in.readByte());
        System.out.println(in.readLong());
        System.out.println(in.readChar());
        System.out.println(in.readUTF());
        in.close();
    }
}
```

查阅 Java API 文档，写出 DataOutputStream 类提供了哪些方法？

data.txt 文件生成后为____________字节？为什么？

(3) 测试字符流。输入以下程序，编译运行并填空。

```
import java.io.*;
public class FileConvert {
  public void readFile(String fileName)throws IOException{
    readFile(fileName,null);                  //使用本地字符编码读取文件
  }
/** 从一个文件中逐行读取字符串，参数 charsetName 指定文件的字符编码 */
  public void readFile(String fileName, String charsetName)throws IOException{
    InputStream in = new FileInputStream(fileName);
    InputStreamReader reader;
    if(charsetName == null)
      reader = new InputStreamReader(in);
    else
      reader = new InputStreamReader(in,charsetName);
    BufferedReader br = new BufferedReader(reader);
    String data;
    while((data = br.readLine())!= null)      //逐行读取数据
      System.out.println(data);
    br.close();
 }
 /** 把一个文件中的字符内容复制到另一个文件中，并且进行了相关的字符编码转换 */
 public void copyFile(String from, String charsetFrom, String to, String charsetTo) throws
IOException{
   InputStream in = new FileInputStream(from);
   InputStreamReader reader;
   if(charsetFrom == null)
     reader = new InputStreamReader(in);
   else
     reader = new InputStreamReader(in,charsetFrom);
   BufferedReader br = new BufferedReader(reader);
   OutputStream out = new FileOutputStream(to);
   OutputStreamWriter writer = new OutputStreamWriter(out,charsetTo);
   BufferedWriter bw = new BufferedWriter(writer);
   String data;
   while((data = br.readLine())!= null)
     bw.write(data + "\n");                    //向目标文件逐行写数据
   br.close();
   bw.close();
  }
  public static void main(String args[])throws IOException{
```

```
        FileConvert myapp = new FileConvert();
        myapp.readFile("test.txt");                //按照本地平台的字符编码读取字符
        myapp.copyFile("test.txt",null,"unicode.txt","Unicode");
        myapp.copyFile("test.txt",null,"utf8.txt","UTF-8");
        myapp.readFile("unicode.txt");         //按照本地平台的字符编码读取字符,读到错误的数据
        myapp.readFile("utf8.txt","UTF-8");        //按照UTF-8字符编码读取字符
    }
}
```

设 test.txt 的内容为：

```
Good!
云中飞马!
```

分析并画出此程序的流程图,并解释程序的显示结果：

如何修改 myapp.readFile("unicode.txt");使其显示正确数据?

(4) 测试对象流。输入以下程序,编译运行后回答问题,重点理解对象流的使用特点和技巧。

```
import java.io.*;
import java.util.*;
public class ObjectSaver {
    public static void main(String agrs[]) throws Exception {
        ObjectOutputStream out = new ObjectOutputStream(new FileOutputStream("objectFile.obj"));
        String obj1 = "hello";
        Date obj2 = new Date();
        Student obj3 = new Student("张三",20);
        out.writeObject(obj1);
        out.writeObject(obj2);
        out.writeObject(obj3);
        out.close();
        ObjectInputStream in = new ObjectInputStream(new FileInputStream("objectFile.obj"));
        String obj11 = (String)in.readObject();
        System.out.println("obj11:" + obj11);
        System.out.println("obj11 == obj1:" + (obj11 == obj1));
        System.out.println("obj11.equals(obj1):" + obj11.equals(obj1));
        Date obj22 = (Date)in.readObject();
        System.out.println("obj22:" + obj22);
        System.out.println("obj22 == obj2:" + (obj22 == obj2));
        System.out.println("obj22.equals(obj2):" + obj22.equals(obj2));
        Student obj33 = (Student)in.readObject();
        System.out.println("obj33:" + obj33);
        System.out.println("obj33 == obj3:" + (obj33 == obj3));
        System.out.println("obj33.equals(obj3):" + obj33.equals(obj3));
        in.close();
    }
```

```
}
class Student implements Serializable{
  private String name;
  private int age;
  public Student(String name, int age){
    this.name = name;
    this.age = age;
    System.out.println("带两个参数的构造方法!");
  }
  public boolean equals(Object o){
    if(this == o)return true;
    if(! (o instanceof Student)) return false;
    final Student other = (Student)o;
    if(this.name.equals(other.name) && this.age == other.age)
        return true;
    else
        return false;
  }
  public String toString(){return "name = " + name + ",age = " + age;}
}
```

ObjectOutputStream 类用来________________________________。

readObject()用来________________________________。

试解释 class Student implements Serializable 中 Serializable 的作用：

(5) 学习正则表达式。以下程序演示了正则表达式的使用技巧，请编译运行程序并回答问题。

```
import java.util.regex.*;
class PatternTest {
  public static void main(String[] args) {
    Pattern p;
    Matcher m;
    String s1 = "0A1A2A3A4A5A6A7A8A9";
    p = Pattern.compile("\\dA\\d");            //模式对象
    m = p.matcher(s1);                          //匹配对象
    while(m.find()){
      String str = m.group();                   //group()返回匹配成功的字符串序列
      System.out.print("从" + m.start() + "到" + m.end() + "匹配模式子序列: ");
      System.out.println(str);
    }
    String temp = m.replaceAll(" *** ");
    System.out.println(temp);
    System.out.println(s1);
    m = p.matcher("9A00A3");                    //重新初始化匹配对象
    if(m.matches()){
      String str = m.group();                   //返回由前面匹配操作所匹配的子字符串
      System.out.println(str);
    }else{
      System.out.println("不完全匹配");
    }
    if(m.lookingAt()){
```

```
        String str = m.group();
        System.out.println(str);
      }
    }
}
```

请解释语句 p=Pattern.compile("\\dA\\d");中的匹配规则。

请解释语句 String temp=m.replaceAll(" *** ");的含义。

7.3.2 填空实验

(1) 以下程序用来对文本文件加密，请填空完成程序，其中 hello.txt 文件可以用记事本创建和输入自己感兴趣的内容，注意 hello.txt 和程序的字节码文件要放在同一目录。

```
import java.io.*;
public class SecretExample  {
   public static void main(String args[])  {
       File fileOne = new File("hello.txt"),
       fileTwo = new File("hello.secret");
       byte b[] = new byte[100];
      try{
        FileInputStream in = ________________________    //创建指向 fileOne 的输入流
        FileOutputStream  out = ____________________     //创建指向 fileTwo 的输出流
        int n = -1;
        while((n = in.read(b))!= -1) {
            for(int i = 0;i<n;i++) {
               b[i] = (byte)(b[i]^'a');
            }
            ______________________________    // out 将数组 b 的前 n 单元写到文件
        }
                                              // out 关闭
        ____________________
        in = ______________________________   //创建指向 fileTwo 的字节输入流
        System.out.println("加密后的文件内容:");
        while((n = in.read(b))!= -1) {
           String str = new String(b,0,n);
           System.out.println(str);
        }
        in = ______________________________   // 创建指向 fileTwo 的字节输入流
        System.out.println("解密后的文件内容:");
        while((n = in.read(b))!= -1) {
             for(int i = 0;i<n;i++)  {
                b[i] = (byte)(b[i]^'a');
             }
             System.out.printf(new String(b,0,n));
        }
        ________________________________________    // in 关闭
     }catch(IOException e)  {
        System.out.println(e);
     }
   }
}
```

(2) 以下程序测试 RandomAccessFile 类的使用，请填空完成程序设计，并编译运行，

RandomAccessFile 类支持随机读写，并支持对基本数据类型的直接读写。

```
import java.io.*;
public class RandomTest {
  public static void main(String args[]) {
    File f = new File("RandomTest.java");
    try{
      RandomAccessFile random = ____________________
                                    // 创建指向文件 f 的 random 对象，读写方式为只读
      long l = ______________________________        //取此文件的长度
      char ch;
      for(long i = l - 1;i >= 0;i--){
        ______________________________               //指针定位到 i 处
        ch = (char)random.read();
        System.out.print(ch);
      }
      ______________________________                 //关闭 random 指向的流对象
    }catch(Exception e){System.out.println("IOError!");}
  }
}
```

(3) PushbackInputStream 类派生自 FilterInputStream，用来创建单字节输入缓冲区，从而允许输入流在被读取后后退一字节，这样就可以在执行操作前对下一字节进行测试。以下程序用来输入商品价格，当小数点后出现 00 时换成 **，请填空完成程序。

```
import java.io.*;
public class PrintCalc{
   public static void main(String args[]){
      PrintCalc app = new PrintCalc();
      try {
          ______________________________
      }catch(IOException e){
          System.out.println("Error encountered during printing");
      }
   }
   private void readAndPrint() throws IOException{
      PushbackInputStream f = new PushbackInputStream(System.in,3);
      int c,c1,c2;
      while((c = f.read())!= 'q'){
          switch(c){
             case ____________________:
                System.out.print((char)c);
                if((c1 = f.read()) == '0'){
                   if((c2 = f.read()) == '0'){
                      System.out.print("**");
                   }else{
                      f.unread(c2);
                      f.unread(c1);
                   }
                }else{
                   f.unread(c1);
```

```
                }
                break;
            default:
                System.out.print((char)c);
                break;
            }
        }
        ______________________________
    }
}
```

(4) 以下程序读取一个文本文件,文件中含有许多电话号码,该程序用来提取电话号码,并将兰州的电话号码用 xxxxxxx 代替,请填空完成程序。

注意:此程序需要同目录下的 phone.txt 文件。

phone.txt 文件的内容如下:

```
张三,0931-8912712;李四,010-65325423;王五,0931 3456897;马俊,0931-5292786
```

源程序代码如下:

```
//shiyan7_2_4.java
______________________________                    //导入相关类
public class Shiyan7_2_4 {
   public static void main(String[] args)  throws Exception {
      FileReader fin = new FileReader("phone.txt");
      BufferedReader bin = new BufferedReader(fin);
      String s = ______________________________   //读入文本数据
      System.out.println(s);
      System.out.print("\n以;作为分隔符来提取字符串\n");
      String[] sa = ______________________
      for(String ss:sa) System.out.print(" == " + ss);          //用 == 来区分数组元素
      System.out.print("\n\n以正则表达式[,;]作为分隔符来提取字符串\n");
      sa = s.split("[,;]");
      for(String ss:sa) System.out.print(" == " + ss);          //用 == 来区分数组元素
      System.out.print("\n\n用正则表达式[\\D*&&[^- ]]提取出所有的电话号码\n");
      sa = s.split("[\\D*&&[^- ]]");
      for(String ss:sa) System.out.print(ss + "#");             //用#来区分数组元素
      System.out.println("\n\n将兰州的电话改为 0931-xxxxxxx");
      String s1 = s.replaceAll("0931[ -]\\d{7}","0931-x{7}");
      String s2 = s.replaceAll("0931[ -]\\d{7}","0931-xxxxxxx");
      System.out.println("s = " + s);
      System.out.println("s1 = " + s1);
      System.out.println("s2 = " + s2 + "\n\n");
      String s3 = "a99 + 0X55f - 55/0xAF + 33";
      String[] sd = s3.split("0[Xx]([0-9a-fA-F]) + ");
      for(String ss:sd)System.out.print(" == " + ss);
   }
}
```

请解释 replaceAll()方法的作用______________________________。

请解释程序中的两条 replaceAll()方法的不同之处。

请解释语句 String[] sd=s3.split("0[Xx]([0-9a-fA-F])+");的作用。

7.3.3 设计实验

(1) 设计一个复制文本文件的程序，在复制的同时应填上行号，如图 7-1 所示。

RandomTest.java - 记事本

文件(F) 编辑(E) 格式(O) 查看(V) 帮助(H)

```
import java.io.*;
public class RandomTest {
   public static void main(String args[])
   {
     File f=new File("RandomTest.java");
     try{
        RandomAccessFile random=new RandomAccessF
        long l=random.length();
        char ch;
        for(long i=l;i>=0;i--){

           random.seek(i);
           ch=(char)random.read();
           System.out.print(ch);
        }
        random.close();
     }catch(Exception e){System.out.println("IOEr
   }
}
```

RandomTest.txt - 记事本

文件(F) 编辑(E) 格式(O) 查看(V) 帮助(H)

```
1: import java.io.*;
2: public class RandomTest {
3:    public static void main(String args[])
4:    {
5:      File f=new File("RandomTest.java");
6:      try{
7:         RandomAccessFile random=new RandomAccessFi
8:         long l=random.length();
9:         char ch;
10:         for(long i=l;i>=0;i--){
11:
12:            random.seek(i);
13:            ch=(char)random.read();
14:            System.out.print(ch);
15:         }
16:         random.close();
17:      }catch(Exception e){System.out.println("IOEr
18:    }
19: }
```

图 7-1　带行号复制文件

提示：使用字符流 FileReader、FileWriter 类和缓冲字符流 BufferedReader、BufferedWriter 类来完成。

(2) 对第 4 章设计实验中的矩阵类 Matrix 进行进化抽象，让其支持通过读取文本文件中的数据来创建或初始化矩阵数据，并提供矩阵的加减乘除运算，如果两个矩阵不符合矩阵的运算规则时，请抛出异常对象。

注意：建议文本文件第一行存放矩阵的行数和列数，从第二行开始存储矩阵数据，数据以空格分隔。如图 7-2 所示，文件内容保存了 4×5 的矩阵。

```
4 5
1 2 3 11 32
4 5 6 23 12
17 28 9 4 2
10 11 12 1 2
```

图 7-2　矩阵内容示例

(3) 抽象建模一个名片类 CardClass，按照如图 7-3 所示的格式输入名片的内容，需要的数据通过键盘输入，输入数据参考图 7-3 中画线部分所示；程序执行结束后将名片信息按照指定格式写到以姓名为文件名的文本文件中，例如将名片内容保存在“马俊.txt”文件中，如图 7-4 所示。

```
实验指导第2版资料\shiyan8>java CardClassTest
请输入名片信息:
工作单位:兰州大学信息学院
姓名:马俊
称呼:男士
电话:0931-5292786
手机:12345678133
邮箱:majun@lzu.edu.cn
```

图 7-3　名片程序执行界面

图 7-4　存储在文本文件中的名片内容

多线程程序设计基础

8.1 实验目的

- 掌握多线程的基本概念。
- 掌握 Java 中多线程的编程技巧。
- 掌握 Thread 类和 Runnable 接口。
- 掌握 Java 中多线程的生命周期。
- 掌握 Java 定时器的使用。

8.2 相关知识

多线程是指在一个进程中同时运行多个不同的线程,每个线程分别执行相同或不同的任务。通过多线程程序设计,就可以将程序任务划分成几个并行执行的子任务,可以提高整个程序的执行效率和系统资源的利用率。例如,可以编写一个包括两个线程的 Java 程序,其中一个线程用来完成数据输入输出功能,而另一个线程在后台对这些数据进行处理。如果输入输出线程在接收数据时阻塞,但处理数据的线程仍然可以运行,仍可以保证较高的程序执行效率。

多线程编程是现代程序设计必须掌握的内容之一,将进程分解为多个线程,可以提高计算机的工作效率,可以对复杂的任务进行有序的管理。Java 中有两种方式实现一个支持多线程执行的对象,一种是直接从 Thread 类派生子类;另一种是实现 Runnable 接口。不管使用哪一种方式,都必须实现 run()方法,run()方法是线程对象自己的可执行代码片段。

线程的生命周期是新建、就绪、运行、阻塞或等待或睡眠、死亡。在应用程序中创建的所有线程的生命周期都由操作系统管理或虚拟机 JVM 管理,操作系统周期性地将可用的处理器资源分配给等待的线程,这样每个线程就都有机会执行自己的代码。这样的分配可能基于一种简单的循环方式,也可能使用了一种复杂的调度算法。操作系统将 CPU 时间划分为时间片,每次给一个线程特定的时间片,此外还有剥夺正在运行线程的 CPU 资源的特权。目前的操作系统中,线程调度是作为高度复杂的算法来实现的,因为要保证没有线程永远等待 CPU 时间片。幸运的是,不需要为这个烦恼,因为操作系统的开发人员已经帮大家做好了这项工作。

编程中经常会用到定时器来完成任务的定期调度,如进度条更新,网络中消息的分发和定时更新等。Java 提供以下三种方式来实现定时器功能。

(1) 直接使用 java. util. Timer 类提供的定时启动功能。

(2) 使用 javax. swing. Timer 类提供的定时功能。

(3) 使用线程的 sleep()方法实现定时功能。

8.3 实验内容

视频讲解

8.3.1 验证实验

(1) 继承 Thread 类。输入以下程序，编译运行后查看结果并填空。

```
public class Reptile extends Thread{
  public void run(){
   for(int a = 0;a < 50;a++){
     System.out.println(currentThread().getName() + ": I am crawling " + a + " step!");
     try{
       sleep(100);                        //给其他线程运行的机会
     }catch(InterruptedException e){throw new RuntimeException(e);}
   }}
  public static void main(String args[]){
    Reptile reptile1 = new Reptile();     //创建第一个 Reptile 对象
    reptile1.setName("Reptile1");
    Reptile reptile2 = new Reptile();     //创建第二个 Reptile 对象
    reptile2.setName("Reptile2");
    reptile1.start();                     //启动第一个 Reptile 线程
    reptile2.start();                     //启动第二个 Reptile 线程
  }
}
```

请问此程序在执行时有几个线程？＿＿＿＿＿＿＿＿＿＿＿＿＿＿＿＿

解释 reptile1. setName("Reptile1");的作用＿＿＿＿＿＿＿＿＿＿＿＿＿＿＿＿。

(2) 实现 Runnable 接口。输入以下程序，编译运行后查看结果并回答问题。

```
import javax.swing.*;
import java.awt.*;
public class RunnableTest extends JFrame implements Runnable {
   JLabel prompt1 = new JLabel("第一个子线程");
   JLabel prompt2 = new JLabel("第二个子线程");
   JTextField threadFirst = new JTextField(14);
   JTextField threadSecond = new JTextField(14);
   Thread thread1,thread2;                //两个 Thread 的线程对象
   int count1 = 0,count2 = 0;             //两个计数器
   public RunnableTest() {
      super("线程测试");
      setLayout(new FlowLayout());
      add(prompt1);
      add(threadFirst);
      add(prompt2);
      add(threadSecond);
```

```
    }
    public void start( ){
        thread1 = new Thread(this,"FirstThread");
        thread2 = new Thread(this,"SecondThread");
        thread1.start( );                   //启动线程对象,进入就绪状态
        thread2.start( );
    }
    public void run( ){                     //实现 Runnable 接口的 run()方法
        String currentRunning;
        while(true) {                       //无限循环
            try {                           //使当前活动线程休眠 0~3 秒
                Thread.sleep((int)(Math.random( ) * 3000));
            }
            catch(InterruptedException e){}
            currentRunning = Thread.currentThread( ).getName( );
            if(currentRunning.equals("FirstThread")){
                count1++;
                threadFirst.setText("线程 1 第" + count1 + "次被调度");
            }
            else if(currentRunning.equals("SecondThread")){
                count2++;
                threadSecond.setText("线程 2 第" + count2 + "次被调度");
            }
        }
    }
    public static void main(String[ ] args){
        RunnableTest myapp = new RunnableTest();
        myapp.setSize(300,100);
        myapp.setVisible(true);
        myapp.start();
        myapp.setDefaultCloseOperation(JFrame.EXIT_ON_CLOSE);
    }
}
```

线程调用截图如图 8-1 所示。

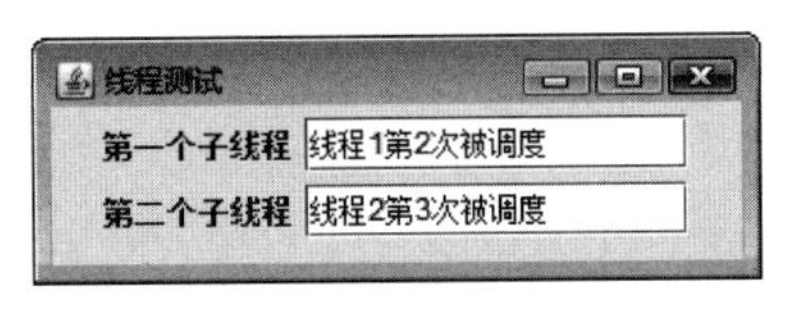

图 8-1　线程调用截图

解释使用 Runnable 接口设计多线程类和从 Thread 类继承这两种方式有什么不同?

解释 Thread.currentThread()方法的作用________________。

能否将 Thread.sleep((int)(Math.random() * 3000));语句前的 Thread 去掉？为什么?

(3) 单线程和多线程效率比较。下面通过计算 1000000~5000000 的素数,统计程序所花费的计算时间,同学们可以直观地感受一下多线程的优势。

① 单线程求素数的运行时间,如图 8-2 所示。

```
public class CalPrimeSingleThread {
```

```
    long primeCount = 0;
    public void calPrime(long start, long end) throws Exception {
    for(long i = start; i < end; ++i){
        if(isPrime(i)){
          primeCount++;
          //System.out.printf(" %ld ", i);
        }
     }
    }
    public boolean isPrime(long n) {
     for(long i = 2; i <= Math.sqrt(n); ++i) {
        if(n % i == 0) return false;
     }
     return true;
    }
    public static void main(String[] args) throws Exception{
       long start = 1000000;
       long end = 5000000;
       CalPrimeSingleThread prime = new CalPrimeSingleThread();
       long startTime = System.nanoTime();
       prime.calPrime(start, end);
       double estimatedTime = (System.nanoTime() - startTime)/1000000000.0;
       System.out.printf("使用单线程计算 %d～ %d 的素数\n", start, end);
       System.out.println("共有素数" + prime.primeCount + "个,花费时间为" + estimatedTime
+ "秒.");
    }
}
```

```
Problems  @ Javadoc  Declaration  Console
<terminated> CalPrimeSingleThread [Java Application] C:\Progran
使用单线程计算1000000~5000000的素数
共有素数270015个. 花费时间为4.7198766秒.
```

图 8-2 单线程求素数的运行时间

② 多线程求素数的运行时间，如图 8-3 所示。

```
import java.util.concurrent.CountDownLatch;
import java.util.concurrent.atomic.AtomicInteger;
public class CalPrimeMultiThread {
   public static CountDownLatch counter;
   public static AtomicInteger numOfPrime;

   public static void main(String[] args) throws InterruptedException{
       long start = 1000000;
       long end = 5000000;
       int totalThreads = 10;
       CalPrimeMultiThread calPrime = new CalPrimeMultiThread();
       calPrime.counter = new CountDownLatch(totalThreads);
       calPrime.numOfPrime = new AtomicInteger(0);
       //计算运行时间
       long startTime = System.nanoTime();
       long len = (end - start)/totalThreads;
       //创建 10 个线程，分段计算各个段的素数
   for(long i = 0; i < totalThreads; i++) {
```

```
            Thread t = new Thread(new PrimeThread(start + i * len, start + (i + 1) * len - 1,
calPrime));
            t.start();
        }
        //等待子线程全部完成
        calPrime.counter.await();
        double estimatedTime = (System.nanoTime() - startTime)/1000000000.0;
        System.out.printf("使用多线程计算 %d～ %d 的素数\n",start,end);
        System.out.printf("共有素数 %d 个,花费时间为 %.2f 秒",calPrime.numOfPrime.get(),
estimatedTime);
    }
}
class PrimeThread implements Runnable {
    long startPos;
    long endPos;
    CalPrimeMultiThread result;
    public PrimeThread(long start,long end,CalPrimeMultiThread result) {
        this.startPos = start;
        this.endPos = end;
        this.result = result;
    }
    public boolean isPrime(long n){
        for(long i = 2;i <= Math.sqrt(n);++i) {
            if(n % i == 0) return false;
        }
        return true;
    }
    public void run(){
        for(long i = startPos;i <= endPos;++i){
            if(isPrime(i)) result.numOfPrime.incrementAndGet();
        }
        result.counter.countDown();
    }
}
```

```
Problems  @ Javadoc  Declaration  Console
<terminated> CalPrimeMultiThread [Java Application] C:\Program Fil
使用多线程计算1000000~5000000的素数
共有素数270015个, 花费时间为0.80秒
```

图 8-3　多线程求素数的运行时间

读者可以看到多线程比单线程花费时间少得多,试着运用计算机知识解释一下原因。

(4) 定时器使用。输入以下程序,编译运行后查看结果并回答问题。

① java.util.Timer 类定时器。

```
import java.util.Timer;
import java.util.TimerTask;
public class CMDClock {
    public static void main(String[] args){
        System.out.println("这是一个命令行时钟,每隔 1 秒,输出当前时钟时间!");
        Timer timer = new Timer();          //创建时钟对象
        PrintTime task = new PrintTime();
```

```
        int delay = 1000;                   //延迟1秒任务开始
        int period = 1000;                  //每隔1秒执行1次
        timer.schedule(task, delay, period);

    }
}
class PrintTime extends TimerTask{
    public void run(){
        System.out.println("当前时间: " + new java.util.Date());
    }
}
```

② javax.swing.Timer 类定时器。

```
import java.awt.EventQueue;
import java.awt.event.ActionEvent;
import java.awt.event.ActionListener;
import java.util.Date;
import javax.swing.JButton;
import javax.swing.JFrame;
import javax.swing.JLabel;
import javax.swing.Timer;
public class GUIClock {
   Timer timer;
   private JFrame frmswing;
   private JLabel lbTime;
   private JButton btnStart;
   public GUIClock() {
       frmswing = new JFrame();
   btnStart = new JButton("开始");
   lbTime = new JLabel();
   frmswing.add(lbTime);
   frmswing.add(btnStart,"South");
   btnStart.addActionListener(new ActionListener() {
       public void actionPerformed(ActionEvent e){
           timer.start();
       }
   });
   //创建计时器
   timer = new Timer(200,new ActionListener() {
       //定时器固定时间执行的任务
       public void actionPerformed(ActionEvent arg0){
       lbTime.setText("当前时间: " + new Date());
       }
   });
  }
  public static void main(String[] args){
      EventQueue.invokeLater(new Runnable() {
      public void run(){
          try{
              GUIClock window = new GUIClock();
              window.frmswing.setSize(300,100);
              window.frmswing.setVisible(true);
          }catch(Exception e) {
```

```
                e.printStackTrace();
            }
        }
    });
  }
}
```

③ Thread.sleep()类定时器。

```
import java.util.Date;
public class SleepClock {
   public static void main(String[] args){
      while(true){
          System.out.println("当前时间: " + new Date());
          try{
              Thread.sleep(1000);
          } catch (InterruptedException e) {
              // TODO Auto - generated catch block
              e.printStackTrace();
          }
      }
   }
}
```

观察上面定时器验证程序,思考定时器有什么作用?在哪些场合中会用到定时器?

类 java.util.Timer 和 javax.swing.Timer 在使用上有什么不同?

8.3.2 填空实验

(1) 下面程序用多线程演示龟兔赛跑,兔子的速度是乌龟的3倍,但每次休息时间是乌龟的5倍,填空使程序完整。

```
class Tortoise ____________________ {   //从 Thread 类继承
   int sleepTime = 0,targetLength = 100;
   Tortoise(int sleepTime, int targetLength){
     this.sleepTime = sleepTime;
     this.targetLength = targetLength;
     ______________________________     // 设置线程的名字为 Tortoise
   }
   public void run() {
     while(true){
        ______________________          //每次前进 1
        System.out.print("T");
        try {
          ____________________          // 让线程调用 sleep()方法进入休息状态,
                // sleepTime 毫秒后线程重新排队,等待 CPU 资源
        }
        catch(InterruptedException e) {}
         if(targetLength <= 0){
             System.out.printf(getName() + "到达目的地!\n");
           ________________             // 结束线程
         }
```

```
        }
    }
}
class Hare extends Thread {
    int sleepTime = 0, targetLength = 100;
    Hare(int sleepTime, int targetLength){
      ____________________                    //初始化 sleepTime
      this.targetLength = targetLength;
      setName("Hare");                        // 设置线程的名字为 Hare
    }
    public void run() {
      while(true) {
        ______________________                //每次前进 3
        System.out.printf(" * ");
        try {
          ____________________                // 让线程调用 sleep()方法进入中断状态,
              //sleepTime 毫秒后线程重新排队,等待 CUP 资源
        }catch(InterruptedException e) {  }
         if(targetLength <= 0)  {
              System.out.printf(getName() + "到达目的地!\n");
              stop();
          }
      }
}}
public class HareTortoiseRace{
    public static void main(String args[]){
      Hare  hare;
      ____________________                    //新建线程 hare,每次休息 0.5 秒,目标 100
      Tortoise tortoise;
      ____________________                    // 新建线程 tortoise,每次休息 0.1 秒,目标 100
      hare.start();                           // 启动线程 hare
      tortoise.start();                       // 启动线程 tortoise
    }
}
```

(2) 下面程序演示线程休息和中断,请填空使程序完整。

```
class ShopWorker ____________________ {       //实现 Runnable 接口
    static Thread  zhangSan, liSi, boss;
    ShopWorker() {
      ____________________                    // 创建 boss 对象
      ____________________                    // 创建 zhangSan 对象
      ____________________                    // 创建 liSi 对象
      zhangSan.setName("张三");
      liSi.setName("李四");
      boss.setName("老板");
    }
    public void run() {
      int i = 0;
      if(Thread.currentThread() == zhangSan){
        while(true){
          try{
            i++;
            System.out.println(Thread.currentThread().getName() +
```

```
" 已搬了" + i + " 箱货物,休息一会儿");
                if(i == 3)   return;
                ____________________                    // zhangSan 睡眠 10 秒(10000 毫秒)
            }catch(InterruptedException e){
                System.out.println(boss.getName() +
" 让" + Thread.currentThread().getName() + " 继续工作");
            }
        }
    }else if(__________________){                       //是否是 liSi
        while(true){
            try{
                i++;
                System.out.println(Thread.currentThread().getName() +
" 已搬了" + i + " 箱货物,休息一会儿");
                if(i == 3)   return;
                ____________________                    // liSi 睡眠 10 秒(10000 毫秒)
            }catch(InterruptedException e){
                System.out.println(boss.getName() +
    " 让" + Thread.currentThread().getName() + " 继续工作");
            }
        }
    }else if(Thread.currentThread() == boss){
        while(true){
            ____________________                        // 吵醒 zhangSan
            ____________________                        // 吵醒 liSi
            if(!(zhangSan.isAlive()||liSi.isAlive())){
                System.out.println("下班了");
                return;
            }
        }
    }
  }
}
class ShopWork {
    public static void main(String args[]){
        ____________________//创建 shop 对象
        shop.zhangSan.start();
        shop.liSi.start();
        shop.boss.start();
    }
}
```

(3) JavaFX 版倒计数器。下面的程序演示了一个倒计时器,如图 8-4 所示,采用 JavaFX 版本的 GUI 设计,请完成程序填空。

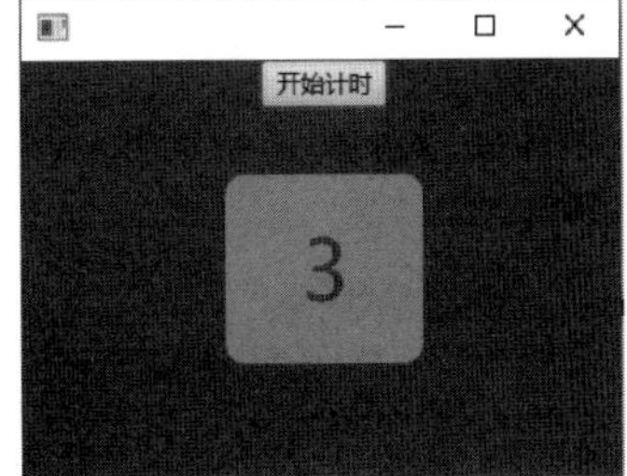

图 8-4　倒计时器

```
import javafx.application.Application;
import javafx.application.Platform;
import javafx.geometry.Pos;
import javafx.stage.Stage;
import javafx.scene.Scene;
import javafx.scene.control.Button;
import javafx.scene.control.Label;
import javafx.scene.layout.StackPane;
```

```
public class Counter extends Application {
    Button button = new Button("开始计时");
    Label time = new Label();
    public void start(Stage primaryStage){
        try{
            StackPane root = _______________;    //创建根面板
            root.getChildren().addAll(button, time);
            StackPane.setAlignment(button, Pos.TOP_CENTER);
            StackPane.setAlignment(time, Pos.CENTER);
            root.getStyleClass().add("main");
            time.getStyleClass().add("counter");
            Scene scene = new Scene(root, 300, 200);
            scene.getStylesheets().add(getClass().getResource("application.css").toExternalForm());
            primaryStage.setScene(scene);
            primaryStage.show();
            button.setOnAction((e) -> {
                new DownCounter(9)._______;       // 开始倒计时

            });

        } catch (Exception e) {
            e.printStackTrace();
        }
    }

    public static void main(String[] args){
        launch(args);
    }

    class DownCounter ___________________ {       //从 Thread 继承
        int count = 0;
        public DownCounter(int count){
            this.count = count;
        }
        public void run(){
            while (count >= 0){
                Platform.runLater(new Runnable() {
                    public void run(){
                        String str = String.valueOf(count);
                        time.setText(str);
                        ___________________;    //计数器减 1
                    }
                });
                try{
                    ___________________;        //线程休息 1 秒
                } catch (Exception e) {
                }
            }
        }

    }
}
```

其中，application.css 的文件内容如下：

```
/* JavaFX CSS - Leave this comment until you have at least create one rule which uses -fx-
Property */
```

```
.main
{
    -fx-background-color: rgb(0,128,255);
}
.counter
{
    -fx-background-color: #fff8;
    -fx-background-radius: 10;
    -fx-text-fill: rgb(255,0,128);
    -fx-font-size: 40;
    -fx-padding: 20;
    -fx-min-width: 100;
    -fx-alignment: center;
}
```

8.3.3 设计实验

(1) 尝试设计一个GUI程序，实现一个数字时钟，显示时分秒值。每隔0.5秒或1秒更新一次显示。提示：可以采用Java中定时器类，数字时钟程序的运行效果如图8-5所示。

(2) 正弦波动画模拟。

假设需要在计算机模拟示波器中的正弦波，试用多线程编程实现此过程。提示：首先建立图形界面的窗口，用JFrame类就可以了，并实现了多线程接口Runnable。在JFrame对象的paint()方法中，画出正弦的波形，然后在run()方法中每100毫秒刷新一次就可以了。正弦波动画演示的运行效果如图8-6所示。

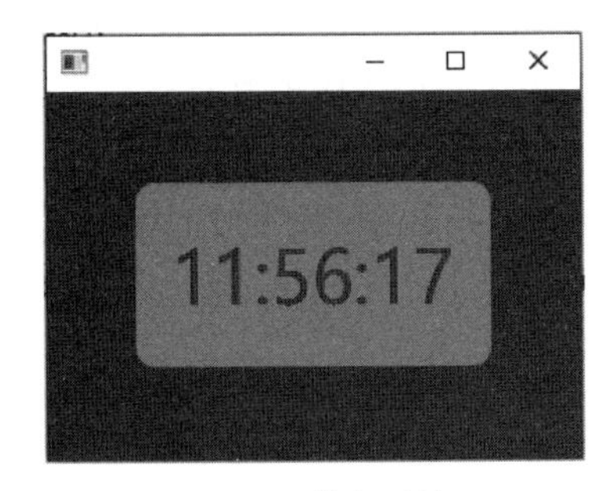

图8-5　数字时钟

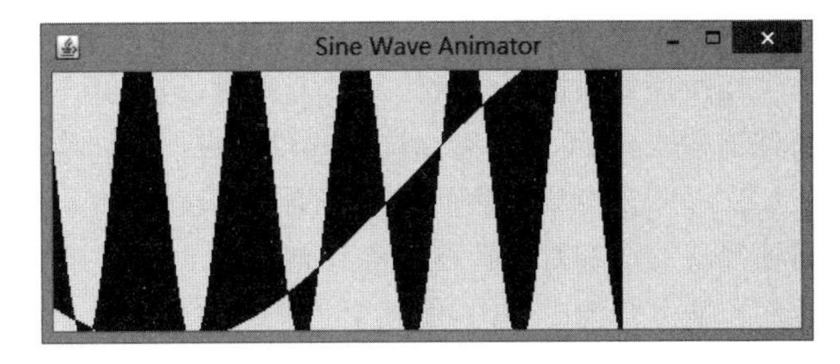

图8-6　正弦波动画演示

刷新用的代码可以参考以下代码，其中frame变量是在线程中变化的，每100毫秒自加一次。

```
public void paint(Graphics g){
    Rectangle d = getBounds();
    g.clearRect(0,0,d.width,d.height);
    int h = d.height/2;
    for(int x = 0;x < d.width;x++){
        int y1 = (int) ((1.0 + Math.sin((x - frame) * 0.09)) * h);
        int y2 = (int) ((1.0 + Math.sin((x + frame) * 0.01)) * h);
        g.drawLine(x,y1,x,y2);
    }
}
```

第9章 多线程程序设计进阶

9.1 实验目的

- 进一步掌握 Java 中多线程的编程技巧。
- 掌握 Java 线程优先级的使用方法。
- 掌握 Java 多线程的同步和死锁。
- 掌握 Java 线程间的通信技巧。
- 掌握线程池的工作原理。

9.2 相关知识

当多个线程在系统中运行时，若需要区分它们执行的优先级，可以通过为每个线程分配优先级来实现。在 Java 中，线程优先级的范围是 1～10，优先级 0 是为虚拟机保留的。

当线程要保护自己所使用的资源时，应使用同步技术，即 synchronized 关键字，可以用它修饰方法，也可以用它修饰代码段。在使用同步时，要注意避免多个线程死锁。

Java 中多个线程之间的通信通过 wait()和 notify()、notifyall()方法实现，wait()是让需要等待的线程对象转移到等待池等待，notify()、notifyall()是将一个线程对象或所有线程对象从等待池中移出，使其变为就绪状态。

9.3 实验内容

视频讲解

9.3.1 验证实验

(1) 熟悉多线程。以下程序演示了内部类多线程的使用技巧，如图 9-1 所示是一个霓虹灯程序，编译运行后回答问题。

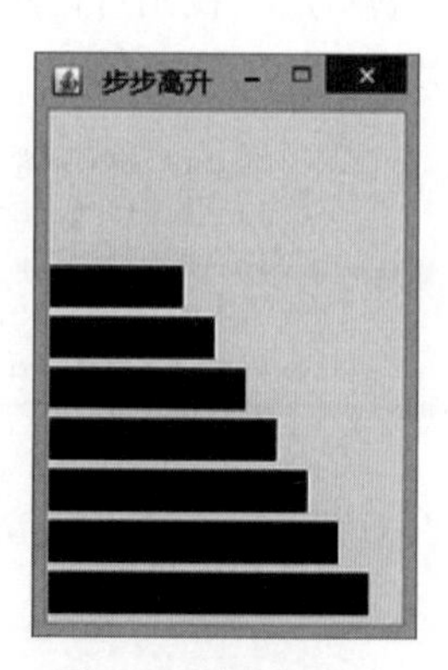

图 9-1 霓虹灯程序

```
import java.awt.*;
import javax.swing.*;
public class Nihongdeng {
    public static void main(String args[]){
        JFrame f = new JFrame("步步高升");
        f.setSize(200,300);
        f.setResizable(false);
        f.setDefaultCloseOperation(JFrame.EXIT_ON_CLOSE);
```

```
            NeonSign na = new NeonSign(10,Color.red);
            f.add(na,BorderLayout.CENTER);
            f.setVisible(true);
        }
    }
    class NeonSign extends Canvas {
        private int num,cNum,x,y,w,h,vGap,offset;
        class ComputeThread extends Thread {
            public void run(){
                while(true){ repaint();
                    try{sleep(1000);}
                    catch(InterruptedException e){}
                }
            }
        }
        public NeonSign(int n,Color c){
            num = n;
            setForeground(c);
            new ComputeThread().start();
        }
        public void init(){
            Dimension size = getSize();
            cNum = 0;
            h = size.height/num;
            vGap = h/5;
            w = size.width * 9/10;
            offset = w/num;
            x = 1;
            y = size.height - h;
        }
        public void update(Graphics g){
            g.fill3DRect(x,y,w,h - vGap,true);
            y = y - h;
            w = w - offset;
            cNum++;
            if(cNum > num){
                 g.clearRect(0,0,getWidth(),getHeight());
                 init();
            }
        }
        public void paint(Graphics g){
            init();
        }
    }
```

请回答在此程序中内部类ComputeThread完成的功能是：____________________。

(2) 线程优先级使用。图9-2所示是一个多线程优先级演示程序，单击Start按钮开始执行，三个进度条分别用三个线程控制进度，请编译运行后回答问题。

```
import java.awt.*;
import java.awt.event.*;
import javax.swing.*;
class Shiyan9_1_2 {
    public Shiyan9_1_2() {
```

```
        MainFrame frame = new MainFrame();
        Dimension screenSize = Toolkit.getDefaultToolkit().getScreenSize();
        Dimension frameSize = frame.getSize();
        if (frameSize.height > screenSize.height) {
           frameSize.height = screenSize.height;
        }
        if (frameSize.width > screenSize.width) {
           frameSize.width = screenSize.width;
        }
        frame.setLocation((screenSize.width - frameSize.width) / 2, (screenSize.height -
frameSize.height) / 2);
        frame.setVisible(true);
    }
    public static void main(String[] args) {
        new Shiyan9_1_2();
    }
}
class MainFrame extends JFrame {
    private JPanel contentPane;
    private GridLayout gridLayout1 = new GridLayout(4,1);
    private JProgressBar jProgressBar1 = new JProgressBar();
    private JProgressBar jProgressBar2 = new JProgressBar();
    private JProgressBar jProgressBar3 = new JProgressBar();
    private JButton jButton1 = new JButton();
    private ProgressThread pThread1 = null;
    private ProgressThread pThread2 = null;
    private ProgressThread pThread3 = null;
    public MainFrame() {
setIconImage(Toolkit.getDefaultToolkit().createImage(MainFrame.class.getResource("horse.png")));
        contentPane = (JPanel) this.getContentPane();
        contentPane.setLayout(gridLayout1);
        this.setSize(new Dimension(800, 200));
        this.setTitle("线程优先级演示");
        jProgressBar1.setOrientation(JProgressBar.HORIZONTAL);
        jProgressBar1.setFont(new java.awt.Font("Dialog", 0, 14));
        jProgressBar1.setStringPainted(true);
        jProgressBar2.setOrientation(JProgressBar.HORIZONTAL);
        jProgressBar2.setFont(new java.awt.Font("Dialog", 0, 14));
        jProgressBar2.setStringPainted(true);
        jProgressBar3.setOrientation(JProgressBar.HORIZONTAL);
        jProgressBar3.setFont(new java.awt.Font("Dialog", 0, 14));
        jProgressBar3.setStringPainted(true);
        jButton1.setFont(new java.awt.Font("Dialog", 0, 14));
        jButton1.setText("Start");
        jButton1.addActionListener(new java.awt.event.ActionListener() {
           public void actionPerformed(ActionEvent e) {
              jButton1_actionPerformed(e);
           }
        });
        contentPane.add(jProgressBar1);
        contentPane.add(jProgressBar2);
        contentPane.add(jProgressBar3);
        contentPane.add(jButton1);
        setDefaultCloseOperation(3);
```

```
    }
    void jButton1_actionPerformed(ActionEvent e) {
        if(((JButton)e.getSource()).getText().equals("Start")){
            this.jButton1.setText("Stop");
            pThread1 = new
ProgressThread(this.jProgressBar1,Thread.MAX_PRIORITY);
            pThread1.start();
            ProgressThread pThread2 = new
ProgressThread(this.jProgressBar2,Thread.NORM_PRIORITY);
            pThread2.start();
            ProgressThread pThread3 = new
ProgressThread(this.jProgressBar3,Thread.MIN_PRIORITY);
            pThread3.start();
        }else{
            this.jButton1.setText("Start");
            this.pThread1.stopped = true;
        }
    }
}
class ProgressThread extends Thread {
    JProgressBar pbar;
    static boolean stopped;
    int min = 0;
    int max = 10000;
    public ProgressThread(JProgressBar pbar, int priority) {
        this.pbar = pbar;
        this.pbar.setMinimum(min);
        this.pbar.setMaximum(max);
        this.stopped = false;
        this.setPriority(priority);
    }
    public void run() {
        for(int i = min; i <= max; i++){
            if(stopped)   break;
            else{
                this.pbar.setValue(i);
                this.pbar.setString(String.valueOf(i));
                try {
                    Thread.sleep(1);
                }catch(Exception err){
                    err.printStackTrace();
                }
            }
        }
    }
}
```

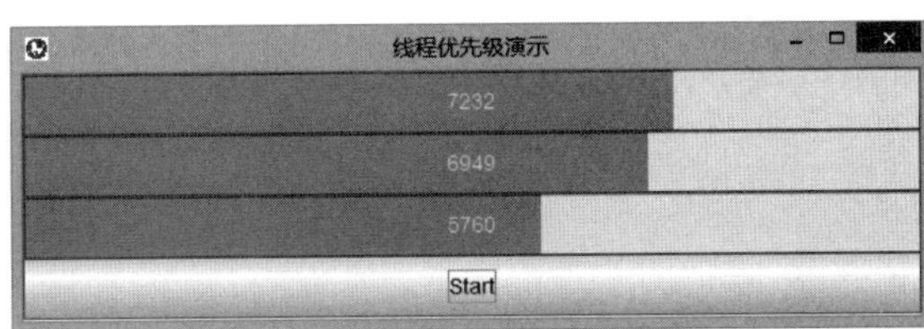

图 9-2　线程优先级演示

请查询 API 文档解释 setIconImage 语句中每个类和方法的作用。

如果将 ProgressThread 类中 run()方法中的 sleep()方法调用的参数修改为 100，会产生什么效果？

(3) 线程池使用。采用线程池的方式再次验证第 8 章中计算素数的例子，请编译运行以下程序，查看效果。

```
import java.util.concurrent.ExecutorService;
import java.util.concurrent.Executors;
import java.util.concurrent.TimeUnit;
import java.util.concurrent.atomic.AtomicInteger;
public class CalPrimeThreadPool {
    public static AtomicInteger numOfPrime;
    public static void main(String[] args) throws InterruptedException {
    long start = 1000000;
    long end = 5000000;
    //创建线程池
    ExecutorService pool = Executors.newFixedThreadPool(20);
    CalPrimeThreadPool calPrime = new CalPrimeThreadPool();
    calPrime.numOfPrime = new AtomicInteger(0);
    //计算程序运行时间
    long startTime = System.nanoTime();
    //对计算任务进行划分,每个线程计算任务为 10000 个数
    int range = 100000;
    for(long i = 0;i <(end - start)/range;i++){
        pool.submit(new WorkThread(start + i * range,start + (i + 1) * range,calPrime));
    }
    pool.shutdown();                              //停止任务提交
    //等待线程池的任务完成
    pool.awaitTermination(10, TimeUnit.DAYS);
    double estimatedTime = (System.nanoTime() - startTime)/1000000000.0;
        System.out.printf("使用线程池计算 %d～ %d 的素数\n",start,end);
        System.out.printf("共有素数 %d 个,花费时间为 %.2f 秒",calPrime.numOfPrime.get(),
estimatedTime);
    }
}
class WorkThread implements Runnable {
    long startPos;
    long endPos;
    CalPrimeThreadPool result;
    public WorkThread(long startPos,long endPos,CalPrimeThreadPool result){
        this.startPos = startPos;
        this.endPos = endPos;
        this.result = result;
    }
    public boolean isPrime(long n){
        for(long i = 2;i <= Math.sqrt(n);++i) {
            if(n % i == 0) return false;
        }
        return true;
        }
    public void run(){
```

```
    for(long i = startPos; i < endPos; ++i){
        if(isPrime(i)) result.numOfPrime.incrementAndGet();
    }
}}
```

线程池求素数的运行时间如图 9-3 所示。

图 9-3 线程池求素数的运行时间

(4) 线程同步。下面的程序模拟银行取款的过程，每次取款操作使用一个线程模拟，取出的金额为随机数，如果取出金额大于当前账户余额，则只能取出剩余总数，此时余额变为0，程序结束，请编译运行后回答问题。

```
import java.util.Random;
public class WithDrawMoney implements Runnable {
    private static int total;
    private static int left;
    Random rand = new Random();
    public WithDrawMoney(int t){
        this.total = t;
        left = total;
    }
    public synchronized void run() {
    if(left > 0) {
         int take_out = rand.nextInt(100);
         if(take_out > left) {
            take_out = left;
         }
         System.out.printf("线程%s取钱,目前余额为%d元,取走了%d元,剩余%d元\n",
Thread.currentThread().getName(), left, take_out, left - take_out);
         left -= take_out;
   }
    }
    public static void main(String[] args) {
        WithDrawMoney bank = new WithDrawMoney(200);
        for(int i = 0; i < 10; ++i){
             Thread t = new Thread(bank);
             t.start();
        }
    }
}
```

请将运行结果抄录下来，然后将 run()方法前面的 synchronized 关键字删除，再次编译运行查看运行结果，试和前面的结果比较，解释结果不同的原因。

9.3.2 填空实验

(1) 已经练习了许多独立运行的线程，但在实际编程中，经常会有许多线程需要访问同一个资源或者数据的情况，有可能两个线程会同时修改同一个资源对象，这样就会出现资源不一致的情况，在主教材中已经讲解和演示了这个问题。但由于 Java 中的内存模型，在使用多线程的应用程序中，有时一个线程看不到另一个线程所做的修改，这就需要对数据的操作使用同步规则才能解决。如下面程序的演示，类 Inconsistent 演示了主线程看不到子线程的修改，请填空完成 Consistent 类的同步处理。

注意：两个程序应该分开编译运行。

```
//Inconsistent.java
public class Inconsistent {
    static boolean started = false;
    public static void main(String[ ] args){
        Thread thread1 = new Thread(new Runnable(){
            public void run(){
                try {
                    Thread.sleep(3000);
                }catch(InterruptedException e){
                }
                System.out.println("started set to true");
                started = true;
            }
        });
        thread1.start();
        while(!started){
        }
        System.out.println("Wait 3 seconds and exit");
    }
}
//Consistent.java
public class Consistent {
    static boolean started = false;
    public ________________ static void setStarted(){
        started = true;
    }
    public ____________________ static boolean getStarted(){
        return started;  }
        public static void main(String[ ] args){
        Thread thread1 = new Thread(new Runnable(){
            public void run(){
                try {
                    Thread.sleep(3000);
                }catch(InterruptedException e){
                }
                setStarted();
                System.out.println("started set to true");
            }
        });
        ____________________;                    //启动子线程
        while(!getStarted()){ }
        System.out.println("Wait 3 seconds and exit");
    }
}
```

(2) 线程间通信。Java 提供了一套简单易用的线程间通信机制，使用 wait()、notify() 和 notifyAll()方法来进行通信，以下程序演示了线程间的通信技巧，请填空完成程序。

```
class BreadSeller {                                    //负责卖面包的类,一块面包 5 元钱
   int fiveNum = 1, tenNum = 0, twentyNum = 0;         // 面包师傅现有各面额的钱币的数量
   public ________________ void  sellBread(int receiveMoney, int buyNumber){
     if(receiveMoney == 5){
       fiveNum = fiveNum + 1;
       System.out.printf("\n%s 给 5 元钱,这是您的 1 块面包",
Thread.currentThread().getName());
     }else if(receiveMoney == 10&&buyNumber == 2){
       tenNum = tenNum + 1;
       System.out.printf("\n%s 给 10 元钱,这是您的 2 块面包",
       Thread.currentThread().getName());
     }else if(receiveMoney == 10&&buyNumber == 1) {
        while(fiveNum < 1){
          try {
             System.out.printf("\n%30s 靠边等",
Thread.currentThread().getName());
             ____________________;  //如果线程占有 CPU 期间执行了 wait(),就进入等待状态
             System.out.printf("\n%30s 结束等待\n",
Thread.currentThread().getName());
           }catch(InterruptedException e){}
        }
        fiveNum = fiveNum - 1;
        tenNum = tenNum + 1;
        System.out.printf("\n%s 给 10 元钱,找您 5 元,这是您的 1 块面包",
Thread.currentThread().getName());
     }else if(receiveMoney == 20&&buyNumber == 1){
        while((fiveNum < 1||tenNum < 1)&& !(fiveNum > 3)){
           try {
              System.out.printf("\n%30s 靠边等",
Thread.currentThread().getName());
              __________________; //如果线程占有 CPU 期间执行了 wait(),就进入中断状态
              System.out.printf("\n%30s 结束等待",
Thread.currentThread().getName());
            }catch(InterruptedException e){}
        }
        if(fiveNum > 3){
           fiveNum = fiveNum - 3;
           twentyNum = twentyNum + 1;
           System.out.printf("\n%s 给 20 元钱,找您三张 5 元,这是您的 1 块面包",Thread.
currentThread().getName());
        }else{
           fiveNum = fiveNum - 1;
           tenNum = tenNum - 1;
           twentyNum = twentyNum + 1;
           System.out.printf("\n%s 给 20 元钱,找您一张 5 元和一张 10 元,这是您的 1 块面包",
Thread.currentThread().getName());
        }
     }else if(receiveMoney == 20&&buyNumber == 2){
        while(tenNum < 1&&fiveNum < 2){
           try {
              System.out.printf("\n%30s 靠边等\n",
```

```
Thread.currentThread().getName());
                    ____________________;
                    System.out.printf("\n%30s结束等待",
Thread.currentThread().getName());
                }catch(InterruptedException e){}
            }
            if(fiveNum<2){
                tenNum=tenNum-1;
                twentyNum=twentyNum+1;
                System.out.printf("\n%s给20元钱,找您一张10元,这是您的2块面包",
Thread.currentThread().getName());
            }
        }else{
            fiveNum=fiveNum-2;
            twentyNum=twentyNum+1;
            System.out.printf("\n%s给20元钱,找您两张5元,这是您的2块面包",
Thread.currentThread().getName());
            }
        ____________________;                  //唤醒所有等待线程
    }
}
class Breadshop ________________{               //实现多线程接口的类(面包店)
    Thread zhao,qian,sun,li,zhou;               //来面包店中买面包的线程
    BreadSeller seller;                         //面包店服务员
    Breadshop(){
        zhao=new Thread(this);
        qian=new Thread(this);
        sun=new Thread(this);
        li=new Thread(this);
        zhou=new Thread(this);
        zhao.setName("赵");
        qian.setName("钱");
        sun.setName("孙");
        li.setName("李");
        zhou.setName("周");
        seller=new BreadSeller();
    }
    public void run(){
        if(Thread.currentThread()==zhao){
            seller.sellBread(20,2);
        }else if(Thread.currentThread()==qian){
            seller.sellBread(20,1);
        }else if(Thread.currentThread()==sun){
            seller.sellBread(10,1);
        }else if(Thread.currentThread()==li){
            seller.sellBread(10,2);
        }else if(Thread.currentThread()==zhou){
            seller.sellBread(5,1);
        }
    }}
public class SaleExample{
    public static void main(String args[]){
        Breadshop myshop=new Breadshop();
        ____________________;                  //启动zhao线程
```

```
        try { Thread.sleep(1000);
        }catch(InterruptedException e){}
        myshop.qian.start();
        try { Thread.sleep(1000);
        } catch(InterruptedException e){}
        myshop.sun.start();
        try { Thread.sleep(1000);
        } catch(InterruptedException e){}
        myshop.li.start();
        try { Thread.sleep(1000);
        } catch(InterruptedException e){}
        myshop.zhou.start();
    }
}
```

9.3.3 设计实验

视频讲解

(1) 哲学家就餐问题是在计算机科学中的一个经典问题,用来演示在并行计算中多线程同步产生的问题。哲学家就餐问题可以这样表述,假设有五位哲学家围坐在一张圆形餐桌旁,做以下两件事情之一:吃饭或思考。如果他们在吃东西时,则停止思考;如果他们在思考时,则停止吃东西。餐桌上每人有一大碗意大利面,每两人之间有一根筷子,如图9-4所示。由于用一根筷子无法吃到意大利面,他们只能同时拿到自己左右两边的筷子才能吃。请抽象建模并利用Java中的线程来模拟这一过程。

(2) 请尝试编写一个基于线程的钟表动画程序,运行界面如图9-5所示,秒针每秒移动一下,分针、时针和秒针关联移动,可以标识数字,也可以自由发挥。

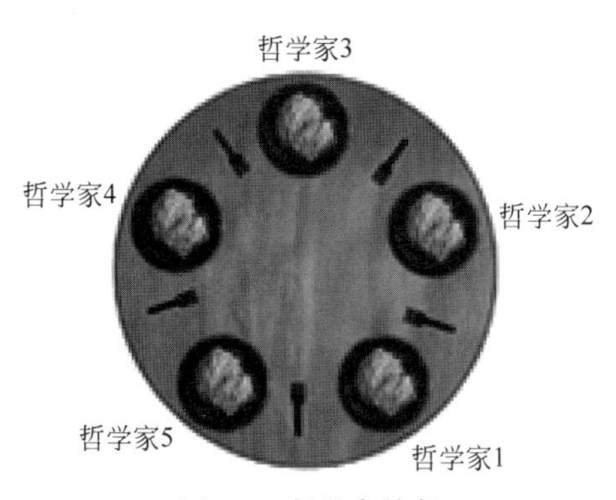

图9-4 哲学家就餐

图9-5 钟表动画程序

第10章 数据结构和集合类使用

10.1 实验目的

- 理解 Java 中抽象的数据集合框架。
- 掌握各种集合接口和集合类所代表的数据结构。
- 能熟练运用常用的几个集合类，如 ArrayList、Stack、LinkedList、Hashtable、TreeSet 等。
- 掌握泛型的概念和使用技巧。

10.2 相关知识

主教材提出了一个公式：能量＋代码＝世界，即 E＋C＝W。代码的组成又有两种，一种是表示数据结构的代码，类似于能量固化后显示的物质现象；另一种是表示指令的代码，这种代码只能在数据变化中显示自己的存在，这类似于各种物质的化学反应或物理变化，只能从物质的时空变换中看到能量的变化，并推导出相应的化学公式或物理公式。本章介绍数据代码部分的设计技巧，当然数据代码要和程序代码结合后才能真正起作用。

早年瑞士计算机科学家提出的一个著名公式就是：程序＝算法＋数据结构。虽然在面向对象编程技术非常普及的今天，这种看法已经不是很准确，但是至少告诉一个信息，那就是程序设计离不开各种各样的数据结构和算法，JDK 提供了广泛的集合框架的支持，可以让程序设计人员不用再去考虑数据的存储和一些基本通用的算法实现，而把注意力集中在要实现的程序的商业逻辑上。本质上 JDK 的集合框架抽象是将数学中的集合、映射等概念程序代码化后的产物。

在程序中常用到的基本的数据集合框架类有 LinkedList、ArrayList、Hashtable 等，并且在 JDK 提供的 Collections 工具类中有大量的通用的集合操作算法，如排序、复制、检索等。

泛型是 JDK1.5 版本引进的新特性，泛型的本质是参数化类型，也就是说所操作的数据类型被指定为一个参数。这种参数类型可以用在类、接口和方法的创建中，分别称为泛型类、泛型接口和泛型方法。

10.3　实验内容

10.3.1　验证实验

(1) 理解泛型。以下程序演示了泛型的实用技术，请分别编译运行以下程序并回答问题。

视频讲解

```
//Nogeneric.java  不使用泛型
import java.util.*;
class MyObGen {
    private Object ob;
    public MyObGen(Object ob){
        this.ob = ob;
    }
    public Object getOb(){
        return ob;
    }
    public void setOb(Object ob){
        this.ob = ob;
    }
    public void showType(){
        System.out.println("对象实际类型是: " + ob.getClass().getName());
    }
}
public class NoGeneric {
    public static void main(String[] args){
        MyObGen intOb = new MyObGen(new Integer(66));
        intOb.showType();
        int i = (Integer)intOb.getOb();
        System.out.println("value =  " + i);
        System.out.println();
        MyObGen strOb = new MyObGen("One String");
        strOb.showType();
        String s = (String) strOb.getOb();
        System.out.println("value =  " + s);
    }
}
```

上面的程序没有使用泛型，编译运行查看运行结果。下面是使用泛型的例子。

```
//MyGenTest.java 使用泛型
class Gen<T> {
    private T ob;
    public Gen(T ob){
        this.ob = ob;
    }
    public T getOb(){
        return ob;
    }
    public void setOb(T ob){
        this.ob = ob;
```

```
    }
    public void showType(){
        System.out.println("T 的实际类型是: " + ob.getClass().getName());
    }
}
public class MyGenTest{
    public static void main(String[] args){
        Gen< Integer > intOb = new Gen< Integer >(66);
        intOb.showType();
        int i = intOb.getOb();
        System.out.println("value =  " + i);
        System.out.println();
        Gen< String > strOb = new Gen< String >("My String with Generic!");
        strOb.showType();
        String s = strOb.getOb();
        System.out.println("value =  " + s);
    }
}
```

请说明，使用泛型有什么好处？

（2）理解向量。以下程序演示了向量 Vector 的使用，请编译运行并填空。

注意：在 Java 的数据集合中存储的是对象，如果没有指定泛型参数，则任何类型对象都可以加入。

```
import  java.util. * ;
class vectortest {
    public static void main(String args[])  {
    Vector vector = new Vector();
    Date date = new Date();
    vector.add(new Integer(1));
    vector.add(new Float(3.45f));
    vector.add(new Double(7.75));
    vector.add(new Boolean(true));
    vector.add(date);
    System.out.println(vector.size());
    Integer number1 = (Integer)vector.get(0);
    System.out.println("The first elements is: " + number1.intValue());
    Float number2 = (Float)vector.get(1);
    System.out.println("The second elements is: " + number2.floatValue());
    Double number3 = (Double)vector.get(2);
    System.out.println("The third elements is: " + number3.doubleValue());
    Boolean number4 = (Boolean)vector.get(3);
    System.out.println("The fourth elements is: " + number4.booleanValue());
    date = (Date)vector.lastElement();
    System.out.println("The fifth elements is: " + date.toString());
    if(vector.contains(date)){
        System.out.println("OK,It contains today!");
    }
    }
}
```

查看 JavaDoc 资料，解释 Vector 类的作用＿＿＿＿＿＿＿＿＿＿＿＿＿＿＿＿＿＿。

(3) 理解树结构。以下程序演示了树类的使用，并且使用了泛型参数，编译运行并回答问题。

```
import java.util.*;
class TreesetTest{
  public static void main(String args[]) {
    TreeSet<Student> mytree =
  new TreeSet<Student>(new Comparator<Student>()   {
        public int compare(Student a,Student b)   {
          return a.compareTo(b);
        }
      });
  Student st1,st2,st3,st4;
  st1 = new Student(90,"zhan ying");
  st2 = new Student(66,"wang heng");
  st3 = new Student(86,"Liuh qing");
  st4 = new Student(76,"yage ming");
  mytree.add(st1);
  mytree.add(st2);
  mytree.add(st3);
  mytree.add(st4);
  Iterator<Student> te = mytree.iterator();
  while(te.hasNext())   {
     Student stu = te.next();
     System.out.println("" + stu.name + "    " + stu.english);
  }
  }
}
class Student  implements Comparable {
  int english = 0;
  String name;
  Student(int e,String n)   {
    english = e;name = n;
  }
public int compareTo(Object b)   {
    Student st = (Student)b;
    return (this.english - st.english);
  }
}
```

请解释什么是树结构。

请解释语句 Iterator<Student> te=mytree.iterator();的作用____________________。

(4) 哈希表。以下程序演示了 Hashtable 类(哈希表存储)，编译运行并回答问题。

```
import java.util.*;
class Student {
  String name;
  int number;
  float score;
  Student(String name,int number,float score){
    this.name = name;
    this.number = number;
    this.score = score;
```

```
    }
    public String toString(){
        return "No.:" + number + "\nname:" + name + "\nscore:" + score + "\n";
    }
}
class HashTableTest {
    public static void main(String args[]) {
        Hashtable h = new Hashtable();
        Enumeration e;
        Student stu;
        String str;
        h.put("10001", new Student("马俊",10001,98));
        h.put("10002", new Student("马健强",10002,88));
        h.put("10003", new Student("李鹏",10003,77));
        e = h.keys();
        while (e.hasMoreElements()) {
            str = (String)e.nextElement();
            System.out.println("" + (Student)h.get(str));
        }
        System.out.println();
        float score = ((Student) h.get("10003")).score;
        h.put("10003", new Student("李鹏",10003,score + 15));
        System.out.println("李鹏修改后的信息: " + (Student)h.get("10003"));
    }
}
```

查看资料，解释哈希存储的原理：________________。

解释 Enumeration 接口的作用：________________。

(5) 理解属性类 Properties。以下程序实现了从一个属性文件中输入各种属性的功能，注意 myapp.properties 属性文件应该和该程序的字节码文件放在一起，属性文件 myapp.properties 的内容如图 10-1 所示。

```
import java.util.*;
import java.io.*;
import java.awt.*;
import javax.swing.*;
public class PropertiesTester{
    public static void print(Properties ps){
        Set<Object> keys = ps.keySet();
        Iterator<Object> it = keys.iterator();
        while(it.hasNext()){
            String key = (String)it.next();
            String value = ps.getProperty(key);
            System.out.println(key + " = " + value);
        }
    }
    public static void main(String args[])throws IOException{
        Properties ps = new Properties();
        InputStream in = PropertiesTester.class.getResourceAsStream("myapp.properties");
        ps.load(in);    //装载 myapp.properties 属性文件
```

```
        JFrame myapp = new JFrame("属性测试");
        if(ps.getProperty("Color").equals("red"))
            myapp.getContentPane().setBackground(Color.red);
        else if(ps.getProperty("Color").equals("blue"))
            myapp.getContentPane().setBackground(Color.blue);
        else
            myapp.getContentPane().setBackground(Color.green);
        myapp.setSize(300,300);
        myapp.setVisible(true);
        myapp.setDefaultCloseOperation(JFrame.EXIT_ON_CLOSE);
        print(ps);
        System.out.println("************** 当前的系统属性 *********************");
        ps = System.getProperties();
        print(ps);
        System.out.println("**********************************************");
    }
}
```

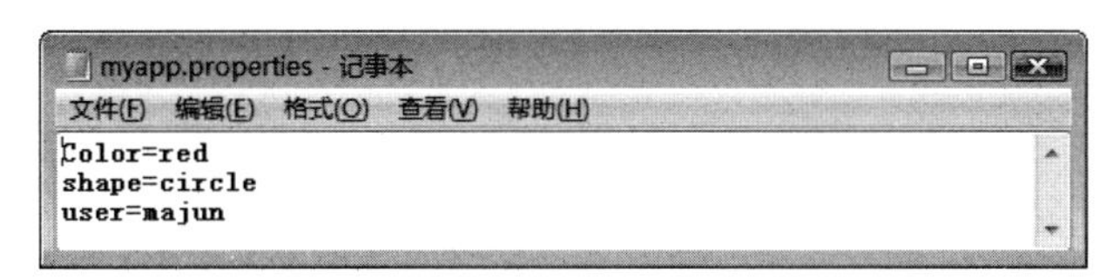

图 10-1 myapp.properties 文件的内容

查询 API 文档并解释 PropertiesTester.class.getResourceAsStream()方法的功能和作用：________________。

说明 Properties 类的作用：________________。

10.3.2 填空实验

(1) 理解堆栈。堆栈数据结构在操作系统、编译系统以及各种应用程序中有广泛应用，下列程序使用堆栈的技巧来输出斐波那契数列，请填空完成程序设计。

```
import java.util.*;
class StackDemo{
    public static void main(String args[]) {
        Stack<Integer> stack = ________________;
        stack.push(new Integer(1));
        stack.push(new Integer(1));
        System.out.println(stack.peek());
        System.out.println(stack.peek());
        int k = 1;
        while(k <= 10)
        for(int i = 1;i <= 2;i++) {
            Integer F1 = ____________;
            int f1 = F1.intValue();
            Integer F2 = stack.pop();
            int f2 = F2.intValue();
            Integer temp = new Integer(f1 + f2);
```

```
            System.out.println("" + temp.toString());
            ____________________;
            stack.push(F2);
            k++;
        }
    }
}
```

（2）理解队列。队列数据集合也是应用程序中常用的数据结构，下列程序演示了队列的使用，请查询API文档填空完成程序设计。

```
import ____________________;
import java.util.LinkedList;
public class TestQueue {
    public static void main(String[] args) {
        Queue<String> queue = new LinkedList<String>();
        queue.offer("Hello");
        queue.offer("World!");
        queue.____________________("你好!");
        System.out.println(____________________);//打印出队列中对象的个数
        String str;
        while((str = queue.________)!= null){
            System.out.print(str);
        }
        System.out.println();
        System.out.println(queue.size());
    }
}
```

（3）理解算法类Collections。集合框架中的Collections类提供了许多流行算法的实现，它们是多态的，因此可以应用到任意类型的集合。以下程序首先创建一组100个随机数作为程序的样本数据，然后演示了Collections类提供的常用算法，请填空完成程序。

```
import java.util.*;
public class CollectionAlgorithms {
    public static void main(String[] args){
        List<Integer> list = new ArrayList<>();
        for(int i = 0;i < 100;i++){
            ____________________((int)(Math.random() * 100));  //添加元素
        }
        ______________________________;                       //对集合进行排序
        System.out.println("Sorted Array: " + list);
        int testNumber = 10;
        int index = Collections.binarySearch(list,testNumber);
        if(index >= 0){
            System.out.println("Number " + testNumber + " found at index: " + index);
        }else{
            System.out.println("Number " + testNumber + " not found");
        }
        System.out.println("Max number: " + Collections.max(list));
        System.out.println("Min number: " + Collections.min(list));
        System.out.println("Frequency of " + testNumber + ": " + Collections.________________
```

```
(list,testNumber));                          //testNumber 出现的频率
        Set < Integer > sortedList = new HashSet <>();
        sortedList.addAll(list);
        System.out.println("Number of distinct elements: " + sortedList.size());
        list.clear();
        list.addAll(sortedList);
        ______________________________;          //搅乱集合元素顺序
        List < Integer > topTenList = list.subList(0,10);
        Collections.sort(topTenList);
        System.out.println("Top 10: " + topTenList);
    }
}
```

(4) 进阶理解泛型。泛型的好处是在编译时执行更严格的类型检查，这在集合框架中尤为明显。此外，泛型还避免在使用集合框架时不得不完成的大多数类型转换，泛型中还可以使用通配符“?”，以下程序演示了通配符的使用，请填空完成程序设计。

```
public class WildCardDemoApp {
   public static void main(String args[ ]){
      System.out.println("Creating 'Long' stack:");
      NumberStack < Long > longStack = new NumberStack < Long >();
      longStack.push(5L);
      longStack.push(10L);
      System.out.println("Creating 'Float' stack:");
      NumberStack < Float > floatStack = ____________________;
      floatStack.push(5.2f);
      floatStack.push(7.8f);
      System.out.println("Creating 'Number' stack:");
      NumberStack < Number > numberStack = new NumberStack < Number >();
      numberStack.push(3.33);
      numberStack.push(20L);
      numberStack.push(5.6f);
      System.out.println("\nDumping 'Long' stack");
      dumpStack(longStack);
      System.out.println("\nDumping 'Float' stack");
      dumpStack(floatStack);
      System.out.println("\nDumping 'Number' stack");
      ______________________________;
   }
   static void dumpStack(NumberStack <?> stack){
      for(Number n:stack.getStack()){
         System.out.println(n);
      }
   }
}
class NumberStack < T extends Number > {
   private Number stack[ ] = new Number[3];
   private int ptr = - 1;
   public Number[ ] getStack(){
      return stack;
   }
   void push(T data){
      ptr++;
      ______________________________;
```

```
    }
    T pop(){
        return (T) stack[ptr--];
    }
}
```

视频讲解

10.3.3 设计实验

（1）一个农夫带着一只狼、一只羊和一箱白菜，身处河的南岸，如图10-2所示。他要把这些东西全部运到北岸。他面前只有一条小船，船只能容下他和一件物品，另外只有农夫才能撑船。如果农夫在场，则狼不能吃羊，羊不能吃白菜，否则狼会吃羊，羊会吃白菜，所以农夫不能留下羊和白菜自己离开，也不能留下狼和羊自己离开，而狼不吃白菜。请参考主教材中的狼和羊过河的程序抽象建模一个Java程序来解决农夫过河问题。

提示：建议分别抽象狼、羊、白菜、农夫等类，农夫类是主控类，在农夫类中抽象检查方法，用来判断运送方案是否符合规则，参考如下代码片段。

```
class Wolf {
public String toString(){   return "Wolf";    }
}
class Sheep {
public String toString(){ return "Sheep";    }
}
class Cabbage {
public String toString(){   return "Cabbage";    }
}
```

判断安全参考代码：

```
if((obj1 instanceof Wolf & obj2 instanceof Cabbage) || (obj2 instanceof Wolf & obj1 instanceof
Cabbage))   return true;
else     return false;
 …
```

图10-2　农夫过河问题

（2）请将一本英文小说（如Alice's Adventures in Wonderland）整理成文本文件，然后试编写一个Java程序，用来统计某名著中字词的出现频率，建议使用特定的数据集合，并说明算法原理。

网络程序设计基础

11.1 实验目的

- 理解计算机网络的工作原理。
- 掌握网络编程的基本概念。
- 掌握 Java 中套接字编程技术。
- 掌握 Java 中 URL 类及其相关类的使用。

11.2 相关知识

网络编程的本质是两个设备之间的数据和信息交换，在计算机网络编程中，设备主要指的是计算机。数据传递本身没有多大的难度，就是把一个设备中的数据转换成电磁波的形式发送给另外一个设备，接收设备再将电磁波信号转换成设备能识别和存储的数据。网络通信的难度主要在于双方对通信过程的有效控制。

网络编程大都是基于请求/响应方式进行的，也就是一个设备发送请求数据给另外一个设备，然后接收另一个设备的反馈信息。

在网络编程中，发起连接的程序，也就是发送第一次请求的程序，被称为客户端(Client)，等待其他程序连接的程序被称为服务器(Server)。客户端程序可以在需要的时候启动，而服务器为了能够时刻响应连接，需要一直处于运行状态。

Java 提供了全方位的网络编程支持，有封装 IP 地址的 InetAddress 类，也有封装传输层协议(TCP)的 Socket 类和 ServerSocket 类，以及封装数据报协议(UDP)的 DatagramPacket 类和 DatagramSocket 类；还有封装应用层的 URL 类、URLConnection 类、URLEncoder 类等。

本章和第 12 章中，会把大多数的实验放到真实的云环境中，将服务器端放到华为鲲鹏云服务器上，客户机放在本地，体验不同 CPU 架构、不同系统平台之间的网络通信和程序执行效果。

11.3 实验内容

11.3.1 验证实验

视频讲解

(1) 理解网络地址类 InetAddress。在 Internet 中，可以使用域名或 IP 地址来访问主机。Java.net 包中提供的 InetAddress 类用来封装 IP 地址和域名，以下程序演示了如何使用 InetAddress 类，请输入 TestInetAddress.java，并编译运行查看结果，如图 11-1 所示，可以在本地运行也可以在远程服务器上运行。

```
//TestInetAddress.java
import java.net.InetAddress;
import java.net.UnknownHostException;
import java.util.Scanner;
public class TestInetAddress {
   public static void main(String[] args) {
    Scanner keyin = new Scanner(System.in);
    System.out.println("请输入主机名: ");
    String hostName = keyin.nextLine();
    try{
    InetAddress[]  addresses = InetAddress.getAllByName(hostName);
    System.out.println("查询结果: ");
    System.out.println("主机: " + hostName);
    System.out.println("IP 地址: ");
    for(int i = 0;i < addresses.length;i++){
        System.out.println(addresses[i].getHostAddress());
    }
    }catch(UnknownHostException e1) {
        System.out.println("DNS 服务器设置错误,或者网络故障,查询失败!");
        return;
    }
   }
}
```

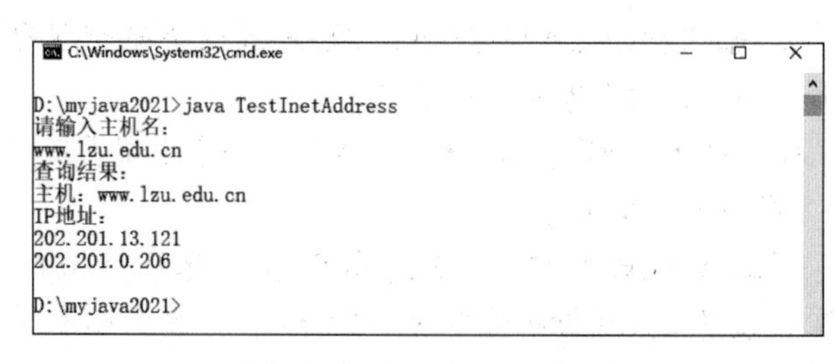

图 11-1　InetAddress 测试

请查阅资料后回答，互联网中 IP 地址和域名转换的机制、原理和流程是什么？

(2) 初步学习 TCP 套接字编程 Ⅰ。以下程序演示了从客户机键盘输入的信息被传送到服务器，然后存储到 message.txt 文件中，具体操作步骤如下。

① 登录华为鲲鹏云并启动前面已经购买好的服务器，如图 11-2 所示。填写自己购买的 IP 地址，笔者购买服务器的 IP 地址为 124.70.66.251，读者的应该不同。然后上传 server.java 到服务器，打开 PuTTY 连接到华为鲲鹏云服务器，并编译运行 server.java，具体操作可参考第 1 章的相关内容。

② 在本地计算机中输入 Client.java，编译运行，效果如图 11-3 所示。

提示：要将 Client.java 文件中“target machine”替换成目标机器的 IP 地址或主机名（此处为 124.70.66.251）。如果在同一台计算机上运行，则应该将“target machine”替换成 127.0.0.1 回环地址（本机地址），并打开两个窗口，一个运行服务端，一个运行客户端。

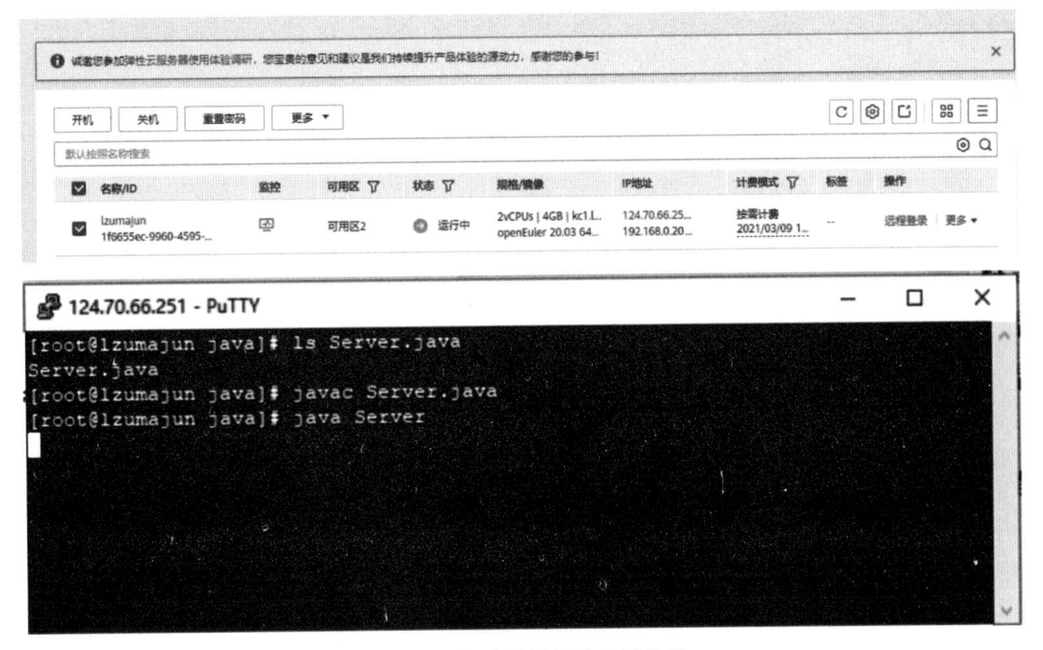

图 11-2　启动远程华为云服务器

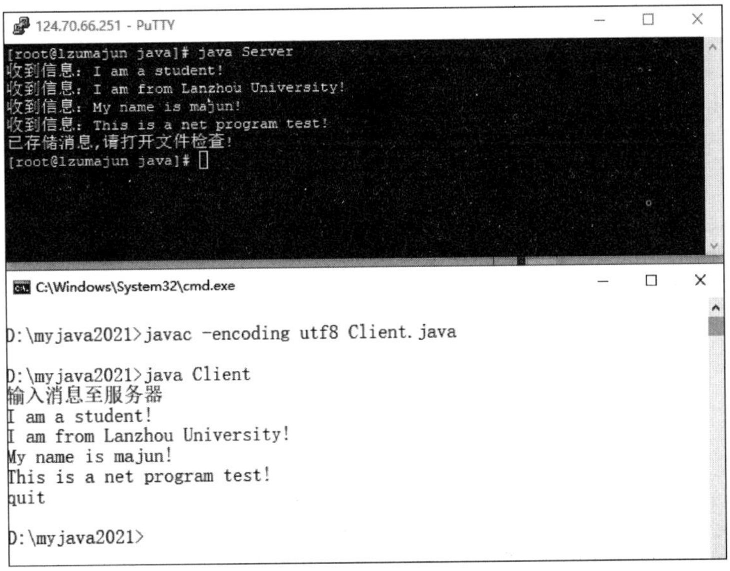

```
124.70.66.251 - PuTTY
[root@lzumajun java]# java Server
收到信息：I am a student!
收到信息：I am from Lanzhou University!
收到信息：My name is majun!
收到信息：This is a net program test!
已存储消息，请打开文件检查！
[root@lzumajun java]#

C:\Windows\System32\cmd.exe

D:\myjava2021>javac -encoding utf8 Client.java

D:\myjava2021>java Client
输入消息至服务器
I am a student!
I am from Lanzhou University!
My name is majun!
This is a net program test!
quit

D:\myjava2021>
```

图 11-3　本地 Client 程序运行效果图

```
/ * client.java * /
import java.net. * ;
import java.io. * ;
public class Client {
  public static void main(String args[ ]) throws Exception {
  Socket soc = new Socket("target machine",4001); //将 target machine 替换为目标机器的 IP 地
址或主机名
  BufferedReader br = new BufferedReader(new InputStreamReader(System.in));
```

```
        System.out.println("输入消息至服务器");
        String message = "";
        String temp;
        PrintStream ps = new PrintStream(soc.getOutputStream());
        while(!((temp = br.readLine()).equals("quit"))){
            ps.println(temp);
        }
        ps.close();
        soc.close();
        }
}
/*server.java*/
import java.net.*;
import java.io.*;
public class Server {
    public static void main(String args[]) throws Exception{
        ServerSocket ss = new ServerSocket(4001);
        Socket soc = ss.accept();
BufferedReader br = new BufferedReader(
                new InputStreamReader(soc.getInputStream()));
        String message = "";
        String temp;
        do{
        temp = br.readLine();
        if(temp == null) break;
        System.out.println("收到信息：" + temp);
        message = message + temp + "\n";
        }while(true);
        br.close();
        PrintStream ps = new PrintStream(new FileOutputStream("message.txt"));
        ps.println(message);
        ps.close();
        br.close();
        soc.close();
        System.out.println("已存储消息，请打开文件检查!");
        }
}
```

③ 在服务器上用 vim 打开 message.txt，可以看到刚才输入的内容，如图 11-4 所示。

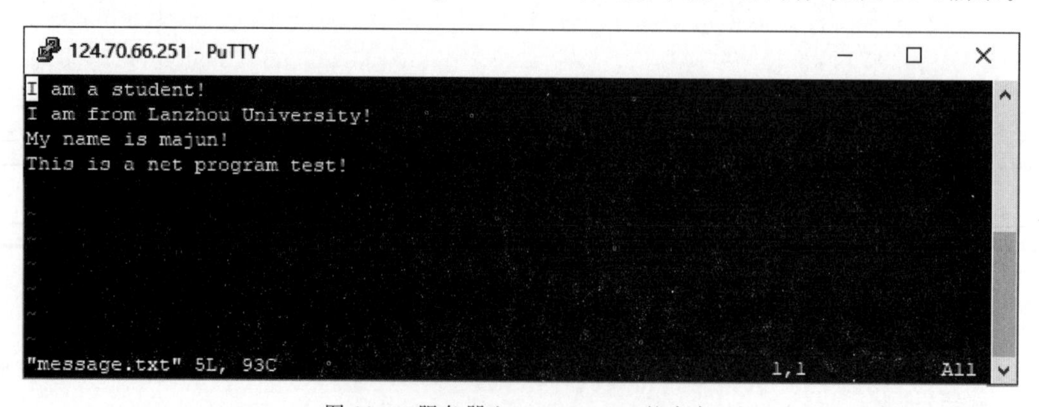

图 11-4　服务器上 message.txt 的内容

请解释 Client 中 soc. getOutputStream()的含义：________________。

请解释 Server 中 soc. getInputStream()的含义：________________。

Socket soc=ss. accept();的功能是：________________。

(3) 初步学习 TCP 套接字编程Ⅱ。以下程序演示用 GUI 程序从前面鲲鹏云服务器中读入 message. txt 文件并显示到一个文本区域中，输入以下文件 ReadFileFromServer. java 内容，并在本地编译；在服务器上修改 Server. java 程序读取 message. txt 内容并发送到客户端，编译运行，结果如图 11-5 所示。

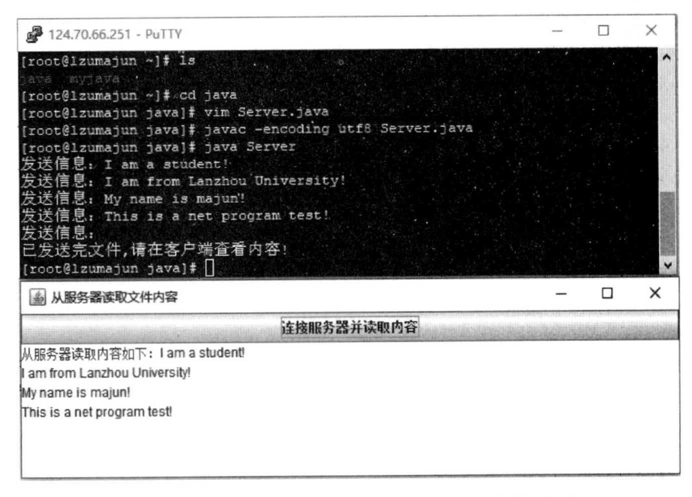

图 11-5　从服务器读取 message. txt 文件内容

```
//Server.java                                          //修改服务器上 Server.java 内容
import java.net.*;
import java.io.*;
public class Server {
  public static void main(String args[]) throws Exception{
    ServerSocket ss = new ServerSocket(4001);
    Socket soc = ss.accept();
BufferedWriter wr = new BufferedWriter(
            new OutputStreamWriter(soc.getOutputStream()));
    BufferedReader br = new BufferedReader(new FileReader("message.txt"));
    String temp;
    do{
    temp = br.readLine();
    if(temp == null) break;
    System.out.println("发送信息: " + temp);
    wr.write(temp);
    wr.newLine();
    }while(true);
    br.close();
    wr.close();
    soc.close();
    System.out.println("已发送文件内容完毕,请在客户端查看!");
    }
}
//ReadFileFromServer.java
import java.awt.event.ActionEvent;
```

```
import java.awt.event.ActionListener;
import java.io.*;
import java.net.Socket;
import javax.swing.*;
public class ReadFileFromServer extends JFrame implements ActionListener {
    JTextArea text;
    JButton button;
    String msg;
    public ReadFileFromServer(){
        setTitle("从服务器读取文件内容");
        text = new JTextArea(12, 20);
        button = new JButton("连接服务器并读取内容");
        button.addActionListener(this);
        add(button,"North");
        add(text,"Center");
        setSize(400,300);
        setVisible(true);
        this.setDefaultCloseOperation(EXIT_ON_CLOSE);
    }

    public void actionPerformed(ActionEvent e){
        Socket soc = null;
          BufferedReader br = null;
        try{
            soc = new Socket("124.70.66.251",4001);
                      //将 target machine 替换为目标机器的 IP 地址或主机名
            br = new BufferedReader(new InputStreamReader(soc.getInputStream()));
             msg = "从服务器读取内容如下：";
             String temp;
            do{
                    temp = br.readLine();
                    if(temp == null) break;
                    msg = msg + temp + "\n";
             }while(true);
             text.setText(msg);
             br.close();
             soc.close();
        } catch (IOException e1) {
            // TODO Auto-generated catch block
            e1.printStackTrace();
        }
    }
    public static void main(String[] args){
        new ReadFileFromServer();
    }
}
```

请解释 br=new BufferedReader(new InputStreamReader(soc.getInputStream()))的功能是什么。

(4) 理解UDP。假设有一个远程时间基准服务器，该服务器提供了一个UDP端口监听程序，如果有客户机需要时间同步，只需要发送一个UDP数据包给服务器，服务器就会回传一个基准时间给客户机，客户机就可以用此时间设置本地计算机的时间。下面的程序演示用华为鲲鹏云服务器作为时间基准服务器来同步本地计算机的时间。在华为鲲鹏云服务器上输入TimeServer.java，编译运行，在本地客户机上输入TimeClient.java程序并编译，建议先将本地计算机的时间修改一下，然后运行本程序，运行效果如图11-6所示。

```
/* 服务器端程序：TimeServer.java */
import java.io.*;
import java.net.*;
import java.text.DateFormat;
import java.util.*;
public class TimeServer {
   final static int TIME_PORT = 4000;
   public static void main(String [] args) throws IOException{
   DatagramSocket skt = new DatagramSocket(TIME_PORT);
   while(true) {
      byte buffer[] = new byte[100];
      DatagramPacket p = new DatagramPacket(buffer,buffer.length);
      skt.receive(p);
      Date date = new Date();
      DateFormat timeformat = DateFormat.getTimeInstance();
      String datestr = timeformat.format(date);
      System.out.println(datestr);
      buffer = datestr.getBytes();
      InetAddress address = p.getAddress();
      int port = p.getPort();
      p = new DatagramPacket(buffer,buffer.length,address,port);
      skt.send(p);
    }
  }
}
/* 客户端程序： TimeClient.java */
import java.io.*;
import java.net.*;
public class TimeClient {
final static int TIME_PORT = 4000;
public static void main(String args[]) throws IOException  {
     if(args.length == 0){
        System.err.println("Not specify server name!");
        System.exit(-1);
     }
     String host = args[0];
     byte msg[] = new byte[100];
     InetAddress address = InetAddress.getByName(host);
     System.out.println("Sending service request to" + address);
     DatagramPacket p = new DatagramPacket(msg,msg.length,address,TIME_PORT);
     DatagramSocket skt = new DatagramSocket();
     skt.send(p);
     p = new DatagramPacket(msg,msg.length);
     skt.receive(p);
     String time = new String(p.getData());
```

```
            System.out.println("The time at " + host + " is: " + time.trim());
            executeCmd(time.trim());
            skt.close();
            }
            public static void executeCmd(String command) throws IOException {
                Runtime runtime = Runtime.getRuntime();
                        String cmdstr = "nircmdc elevate cmd /C time " + command;
                        System.out.println(cmdstr);
                        Process process = runtime.exec(cmdstr);
            }
        }
```

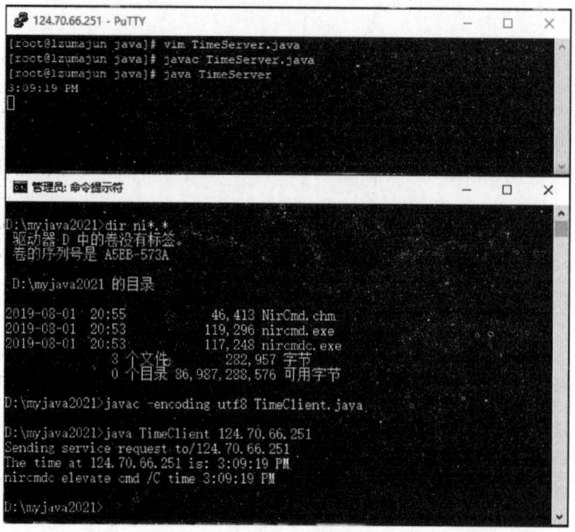

图 11-6　通过 UDP 以服务器的时间为基准同步客户端计算机的时间

注意：因为修改时间需要超级用户权限，此处使用了一个工具软件 nircmd.exe，该工具的下载地址详见前言二维码，下载后解压到当前 Java 程序的目录中即可。

请查阅资料说明在 Java 的 udp 套接字编程中，DatagramPacket 类和 DatagramSocket 类的作用和使用方法。

(5) 使用 URL 类。在 java.net 包中，用 URL 类封装一个具体的 URL 资源，下面的程序演示了如何从命令行输入一个 URL 地址，通过程序读取 URL 资源的内容并保存到本地文件 saveurl.dat 中。输入下面的程序 DownloadURL.java 并编译运行，查看运行结果。

```
//DownloadURL.java
import java.io.*;
import java.net.*;
class DownloadURL {
    public static void main(String[] args) {
      try{
        URL myurl = new URL(args[0]);                    //从命令行输入的字符串创建 URL 对象
        InputStream in = myurl.openStream();             //打开 URL 资源输入流
        FileOutputStream fout = new FileOutputStream("saveurl.dat");
        int ch = in.read();
        while(ch!= -1)  {
          System.out.print((char)ch);
```

```
            fout.write(ch);
            ch = in.read();
          }
          in.close();
          fout.close();
        }
          catch ( ArrayIndexOutOfBoundsException e ) { System. out. println ( " 使 用 格 式: java
DownloadURL  url");}
        catch(MalformedURLException e1){System.out.println("非法 URL");}
        catch(IOException e2){}
      }
    }
```

使用命令 java DownloadURL http://www.lzu.edu.cn 运行后，用 Notepad 打开 saveurl.dat 查看文件内容是否是兰州大学首页的内容并填写以下空格，交给老师检查。兰州大学创建于(　　)年，校园面积(　　)亩，建有(　　)个校区，有(　　)所附属医院。

(6) 以下程序简单地演示了 URLConnection 类的使用技巧，请编译运行后回答问题。

```
import java.net.*;
import java.io.*;
import java.util.*;
public class URLConnectionExample {
public static void main(String args[]) throws Exception {
   URL url  =  new URL(args[0]);
   URLConnection con  =  url.openConnection();
   System.out.println("URL used is: " + con.getURL().toExternalForm());
   System.out.println("Content Type: " + con.getContentType());
   System.out.println("Content Length: " + con.getContentLength());
   System.out.println("Last Modified: " + new Date(con.getLastModified()));
   System.out.println("First Three lines :");
   BufferedReader in  =  new BufferedReader(new
   InputStreamReader(con.getInputStream()));
   for (int i  =  0; i < 10; i++) {              //循环输出此 URL 资源的前 10 行
     String line  =  in.readLine();
     if (line  ==  null) {
      break;
     }
     System.out.println(" " + line);
   }
  }
}
```

请回答 URLConnection 类和 URL 类之间的关系是什么。

(7) URLEncoder 类和 URLDecoder 类用于将不符合 URL 规范的字符串编码成符合 URL 规范的字符串，或将已编码的字符串解码。以下程序演示了 URLEncoder 类和 URLDecoder 类的使用方式，请编译运行程序并回答问题。

```
import java.net.*;
class EncodeTest {
  public static void main(String args[]) throws Exception{
    String str  =  "Jackson's bike-bell cost $5 中国";
    String str2  =  URLEncoder.encode(str,"UTF-8");
```

```
        System.out.println(str);
        System.out.println(str2);
        String str3 = URLDecoder.decode(str2,"UTF - 8");
        System.out.println(str3);
    }
}
```

请解释什么情况需要使用编码转换。

11.3.2 填空实验

（1）以下程序为主教材中的迷你浏览器程序，可以浏览简单的网页内容，如图 11-7 所示。该程序使用 Java 提供的 JEditPane 显示，并添加了 HyperlinkEvent 事件的监听和处理，请查询有关资料以便完成程序填空。

```
import javax.swing.*;
import java.awt.*;
import java.awt.event.*;
import java.net.*;
____________________;                           //导入输入输出流包
import javax.swing.event.*;
class minibrowser extends JFrame implements ActionListener,Runnable{
    JButton button;
    URL url;
    JTextField text;
    ________________________________________; //定义 editPane 变量
    byte b[] = new byte[128];
    Thread thread;
    public minibrowser(){
        text = new JTextField(20);
        editPane = new JEditorPane();
        editPane.setEditable(false);
        button = new JButton("确定");
        button.addActionListener(this);
        thread = new Thread(this);
        JPanel p = new JPanel();
        p.add(new JLabel("输入网址："));
        p.add(text); p.add(button);
        Container con = getContentPane();
        con.add(new JScrollPane(editPane),BorderLayout.CENTER);
        con.add(p,BorderLayout.NORTH);
        setBounds(60,60,560,460);
        ______________________________;       //显示
        validate();
        setDefaultCloseOperation(JFrame.EXIT_ON_CLOSE);
        editPane.addHyperlinkListener(new HyperlinkListener(){
            public void hyperlinkUpdate(HyperlinkEvent e){
                if (e.getEventType() == HyperlinkEvent.EventType.ACTIVATED){
                try{
                        editPane.setPage(e.getURL());
                  }catch(IOException e1){
                        editPane.setText("" + e1);
```

```
                }
            }
        }
    });
}
public void actionPerformed(ActionEvent e){
    if (!(thread.isAlive())) thread = new Thread(this);
    try{
        thread.start();
    }catch(Exception e1){
        text.setText("我正在读取" + url);
    }
}
public void run(){
    try{
        int n = -1;
        editPane.setText(null);
        editPane.setContentType("text/html");
        url = new URL(text.getText().trim());
        ________________________;          //设置 editPane 显示 url
    }catch(MalformedURLException e1){
        text.setText("" + e1);
    }catch(IOException e2){
        text.setText("" + e2);
    }
}
public static void main(String[] args){
    new minibrowser();
}
}
```

图 11-7 迷你浏览器

(2) 以下程序完成的是客户机和服务器之间的通信及计算，请填空完成程序。请注意此程序还演示了如何将计算分解为两部分，将真正的计算任务放在服务器上，而将数据的输入和验证等任务放在客户机上，这也是瘦客户机的工作原理。

```
/ * 客户端程序 JsClient.java * /
________________________;          //导入网络包
import java.io. * ;
```

```
import java.awt. * ;
import java.awt.event. * ;
import javax.swing. * ;
class JsClient extends JFrame implements Runnable,ActionListener{
   JButton connection,jsbutton;
   JTextField inputA,inputB,inputC;
   JTextArea showResult;
   ______________________________                    //定义 Socket 引用
   DataInputStream in = null;
   DataOutputStream out = null;
   Thread thread;
   public  JsClient(){
     socket = new Socket();
     connection = new JButton("连接服务器");
     jsbutton = new JButton("求三角形面积");
     jsbutton.setEnabled(false);
     inputA = new JTextField("0",12);
     inputB = new JTextField("0",12);
     inputC = new JTextField("0",12);
     Box  boxV1 = Box.createVerticalBox();
     boxV1.add(new JLabel("输入边 A"));
     boxV1.add(new JLabel("输入边 B"));
     boxV1.add(new JLabel("输入边 C"));
     Box boxV2 = Box.createVerticalBox();
     boxV2.add(inputA);
     boxV2.add(inputB);
     boxV2.add(inputC);
     Box baseBox = Box.createHorizontalBox();
     baseBox.add(boxV1);
     baseBox.add(boxV2);
     Container con = getContentPane();
     con.setLayout(new FlowLayout());
     showResult = new JTextArea(8,18);
     con.add(connection);
     con.add(baseBox);
     con.add(jsbutton);
     con.add(new JScrollPane(showResult));
     jsbutton.addActionListener(this);
     connection.addActionListener(this);
     thread  =  new Thread(this);
     setBounds(100,100,360,310);
     setVisible(true);
     setDefaultCloseOperation(JFrame.EXIT_ON_CLOSE);
   }
   public void run(){
    while(true){
      try{
        double area = ____________________          // in 读入一个 double 型数据
        showResult.append("\n 三角形的面积:\n" + area);
        showResult.setCaretPosition((showResult.getText()).length());
      }catch(IOException e){
        showResult.setText("与服务器已断开");
        jsbutton.setEnabled(false);
        break;
```

```
        }
    }}
  public void actionPerformed(ActionEvent e){
    if(e.getSource() == connection){
      try{
        if(socket.isConnected()){}
        else {
          InetAddress  address = InetAddress.getByName(____________________);//IP 地址
          InetSocketAddress socketAddress = ________________
                                        //创建端口为 4444、地址为 address 的 socketAddress
          ____________________               // socket 建立和 socketAddress 的连接呼叫
          in  = new DataInputStream(____________________);      //socket 返回输入流
          out  =  new DataOutputStream(____________________);    //socket 返回输出流
          jsButton.setEnabled(true);
          thread.start();
        }
      }catch (IOException ee){}
    }
    if(e.getSource() == jsbutton){
      try{
        double a = Double.parseDouble(inputA.getText()),
        b = Double.parseDouble(inputB.getText()),
        c = Double.parseDouble(inputC.getText());
        if(a + b > c&&a + c > b&&b + c > a){
          ____________________                              //out 写入 a,发送到服务器
          ____________________                              //out 写入 b,发送到服务器
          ____________________                              //out 写入 c,发送到服务器
        }else{
          inputA.setText("你输入的 3 个数不构成三角形");
        }
      }catch(Exception ee){
        inputA.setText("请输入数字字符");
      }
    }
  }
  public static void main(String args[]){
     JsClient win = new  JsClient();
  }
}
/* 服务器端程序: JsServer.java */
import java.io.*;
import java.net.*;
public class JsServer {
  public static void main(String args[]){
    ServerSocket server = null;
    ServerThread thread;
    Socket client = null;
    while(true){
      try{
        server = ____________________      // 创建在端口 4444 上负责监听的 ServerSocket 对象
      }catch(IOException e1){
        System.out.println("正在监听");
      }
      try{
```

```
            client = ____________________        // server 返回和客户端相连接的 Socket 对象
            System.out.println("客户的地址:" + client.getInetAddress());
          }catch (IOException e){
            System.out.println("正在等待客户");
          }
          if(client!= null){
            new ServerThread(client).start();
          }else {    continue;       }
        }
      }
    }
    class ServerThread extends Thread{
       Socket socket;
       DataOutputStream out = null;
       DataInputStream   in = null;
       String s = null;
       ServerThread(Socket t){
          socket = t;
          try  {
             in = new DataInputStream(____________________);        // socket 返回输入流
             out = new DataOutputStream(____________________);      // socket 返回输出流
          }
          catch (IOException e){}
       }
       public void run(){
          while(true){
             double a = 0,b = 0,c = 0,area = 0;
             try{
             a = ____________________                               // in 读入一个 double 型数据
             b = ____________________                               // in 读入一个 double 型数据
             c = ____________________                               // in 读入一个 double 型数据
             double p = (a + b + c)/2.0;
             area = Math.sqrt(p * (p - a) * (p - b) * (p - c));
             ______________________________                         // out 写入 area,发送到客户端
            }catch (IOException e){
             System.out.println("客户离开");
             break; }
          }
       }
    }
```

11.3.3 设计实验

修改主教材第9章中的程序建模示例2，将基于UDP的简单聊天程序的功能进一步完善，使其能将每个用户所发送和接收的信息分别保存到相应的日志文件中，如图11-8所示。

提示：日志文件中需要记录IP地址、时间信息以及信息内容。建议分两个日志文件分别保存发送的信息和接收的信息。

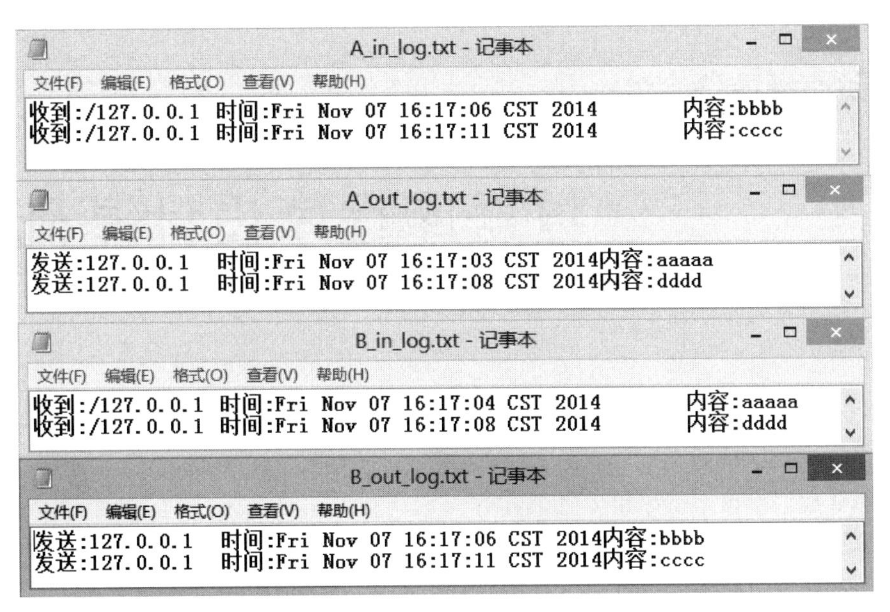

图 11-8　基于 UDP 的即时通信日志文件记录

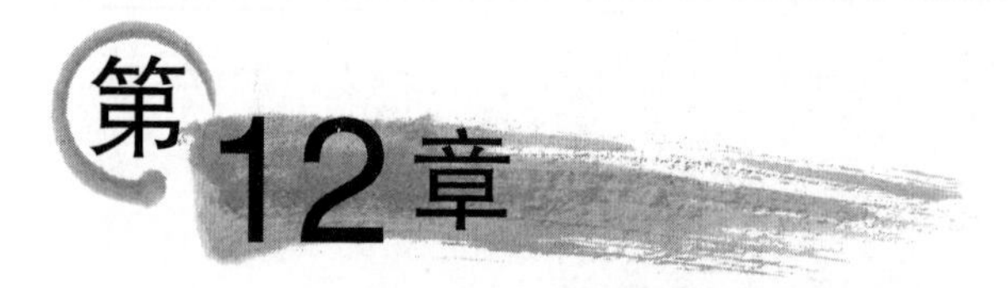

数据库程序设计基础

12.1 实验目的

- 理解数据库程序设计相关概念。
- 掌握利用华为云使用数据库的两种方式。
- 学习在华为鲲鹏云服务器上移植安装和运行 MySQL。
- 理解 JDBC API 工作原理。
- 掌握 java. sql 包中常用的类和接口。
- 掌握利用 Java 编写数据库程序的关键步骤。

12.2 相关知识

在开发企业级业务应用系统的过程中，需要使用数据库管理系统来存储、管理企业的业务数据。数据库编程是现代程序设计必须掌握的内容，在 Java 中通过 JDBC API 和各种数据库管理系统交换信息。JDBC 为在 Java 中开发数据库应用程序提供了良好的工具接口，掌握 JDBC 可以使程序开发人员方便快捷地编写数据库应用程序。

JDBC(Java DataBase Connectivity)是一种可用于执行 SQL 语句的 Java API，由一些 Java 编写的类和接口组成。它为数据库应用开发人员、数据库前台工具开发人员提供一种标准的应用程序设计接口，使开发人员可以很方便地将各种 SQL 语句传送到任何关系数据库中，如图 12-1 所示。

通过 JDBC 实现数据编程的步骤如下。

(1) 加载相应数据库驱动。

(2) 连接数据库。

(3) 得到相应的 SQL 语句对象。

(4) 向数据库提交 SQL 语句对象并拿回记录集对象。

(5) 在程序中处理记录集。

(6) 关闭连接。

应用程序
JDBC
MySQL驱动
Oracle驱动
MySQL
Oracle

图 12-1 JDBC 原理示意图

要编写数据库操作的程序，首先要有数据库系统，本书以开源数据库 MySQL 为例来演示。MySQL 是目前很流行的关系型数据库管理系统，在 Web 应用方面 MySQL 是较好的 RDBMS (Relational Database Management

System,关系数据库管理系统)应用软件之一。可以在本地机上安装 MySQL,也可以在远程服务器上安装,本书中选择在华为云上使用 MySQL,有两种方式供读者选择;一种是直接购买 RDS for MySQL 云数据库服务;另一种是购买弹性云服务器,然后自己在云服务器上安装运行 MySQL 服务。建议读者在学习阶段学会后一种方式,可节省成本,并提高知识水平。本实验中采用鲲鹏云服务器,所以安装 MySQL 还需要读者学习从 x86 到鲲鹏架构的移植技术。

12.3　实验内容

12.3.1　验证实验

视频讲解

1. 在 RDS for MySQL 云服务上调用数据库

1) 安装配置 RDS for MySQL 云服务运行环境

(1) 登录华为账号,选择控制台,如图 12-2 所示,从左侧工具条选择“云数据库 RDS”选项。

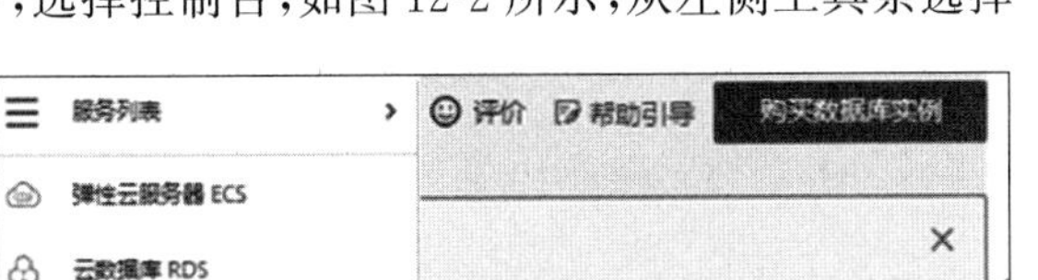

图 12-2　选择云数据库 RDS

(2) 单击右上角的“购买数据库实例”按钮,显示如图 12-3 所示,选择“按需计费”、MySQL 等选项,并修改实例名称,如 majunmysqltest。

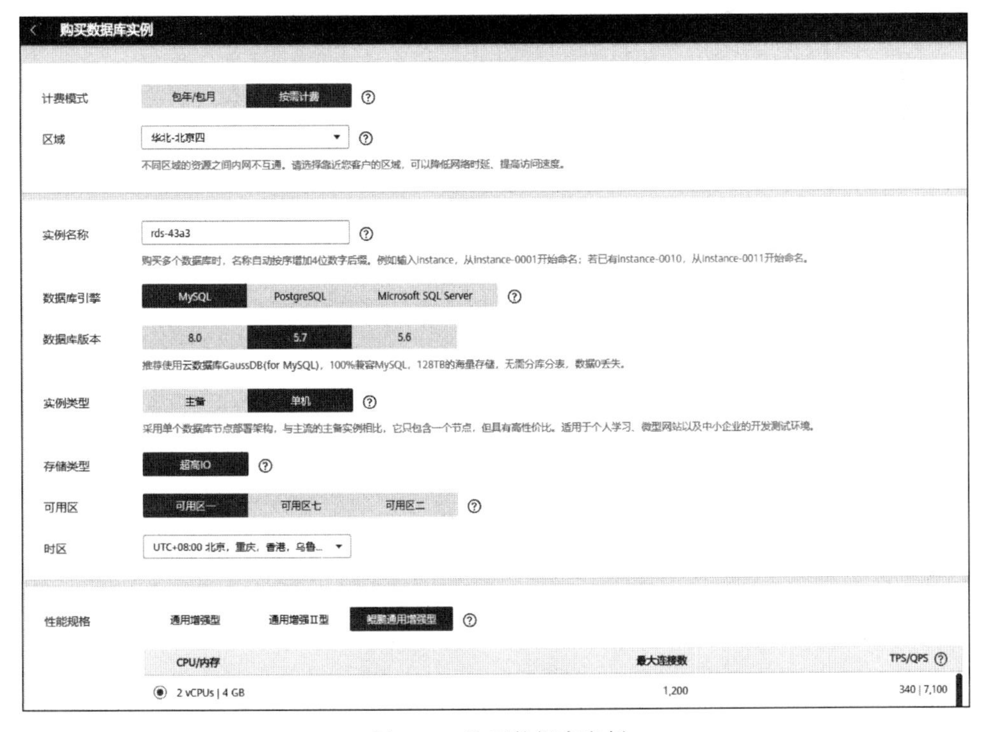

图 12-3　购买数据库实例

（3）选择“鲲鹏通用增强型 2vCPUs|4GB”（或者更高级别）选项，设置“安全组”为 Sys-FullAccess，记录数据库端口号，如图 12-4 所示。

图 12-4　选择“鲲鹏通用增强型 2vCPUs|4GB”选项

（4）设置管理员账号 root 的密码并记录下来，单击“立即购买”按钮，如图 12-5 所示。

图 12-5　设置数据库实例的账号密码

（5）确认信息无误，单击“提交”按钮，如图 12-6 所示，等待系统创建数据库实例成功，可能需要 2～5 分钟。

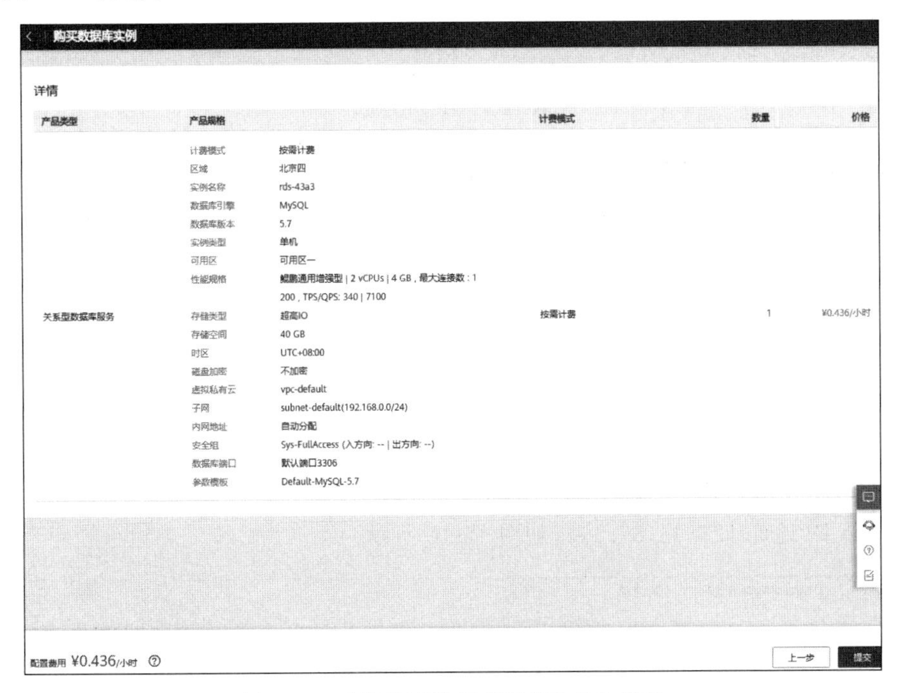

图 12-6　确认购买数据库实例的参数信息

（6）为了能够通过公网访问，还需要购买一个弹性公网 IP 地址绑定，从左侧工具条选择“弹性公网 IP”选项，然后选择“按需计费”“按流量计费”选项和合适带宽，然后单击“立即购买”按钮，如图 12-7 所示。

图 12-7　购买弹性公网 IP

购买弹性公网IP成功后，显示信息如图12-8所示。

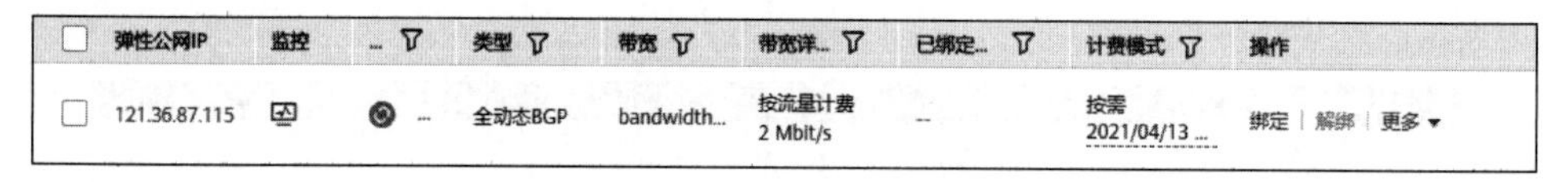

图12-8　IP购买成功

（7）返回购买云数据库界面，看到购买的数据库已经成功运行了，如图12-9所示。

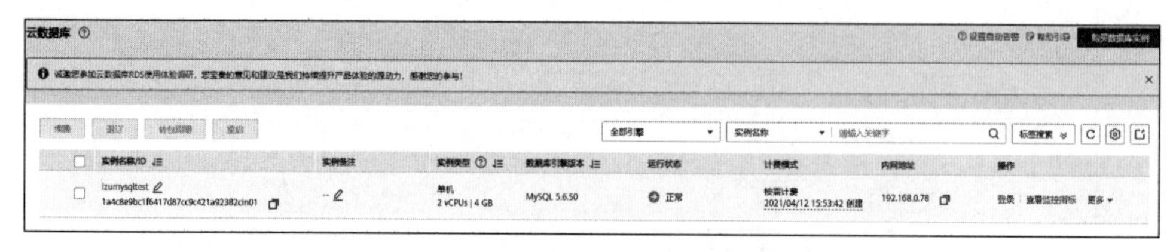

图12-9　云数据库实例购买成功

（8）单击“实例名称”按钮，进入实例详细页面，单击左侧“连接管理”链接，绑定刚购买的弹性公网IP地址121.36.87.115，如图12-10所示。

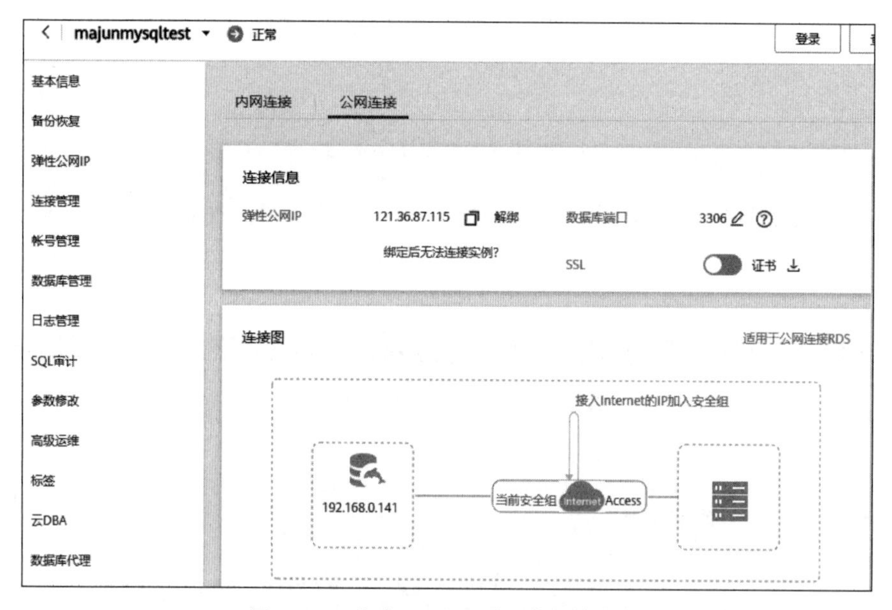

图12-10　绑定IP地址到云数据库实例

（9）在云数据库界面，选择右侧的“更多”选项，如图12-11所示，然后选择“登录”选项，输入前面记录下的root密码，单击“登录”按钮，如图12-12所示。

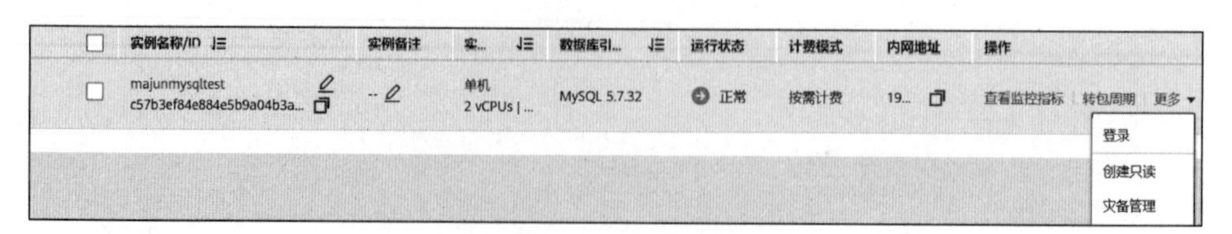

图12-11　准备远程登录

图 12-12　登录数据库管理系统

（10）创建需要的数据库，如实验中要用到 lzu2021students 和 test 数据库，如图 12-13 所示。

图 12-13　创建数据库

（11）到此为止，云数据库已经准备好了。下面创建表 12-1 所示的 stu 数据表结构，输入几条记录（输入自己和至少 4 名同学的有关信息）。登录后在数据库列表页面选择特定数据库并单击对应的“新建表”选项，在弹出的页面中输入表名 stu，然后单击“下一步”按钮，如图 12-14 所示。

表 12-1　stu 数据表结构

列名称	数据类型	长度	说明
Stu_id	varchar	8	学号
Stu_name	varchar	12	姓名
Stu_age	int	11	年龄
Stu_score	numeric	3	分数

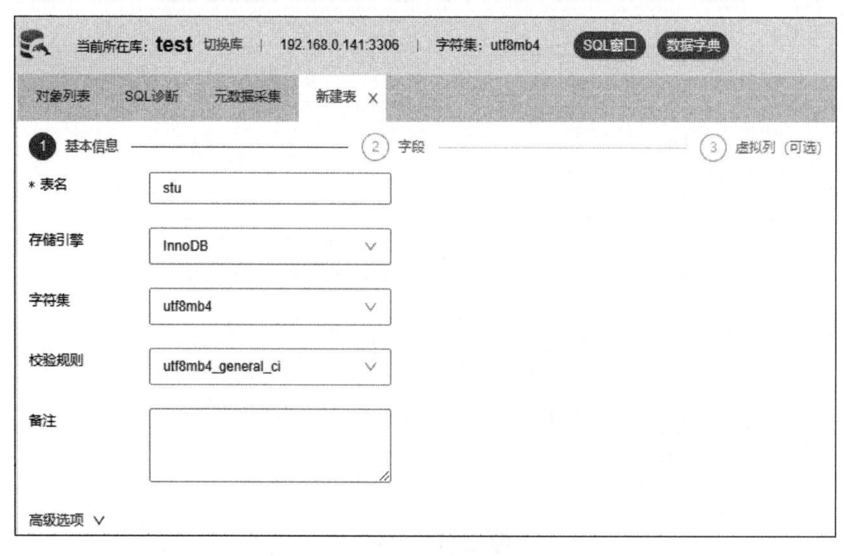

图 12-14　输入表名

（12）输入对应的字段名称、类型、长度和约束条件，如图 12-15 所示，单击下面的“立即创建”按钮，在弹出的 SQL 预览中单击“执行脚本”按钮后，等待脚本执行结束。

图 12-15　输入表中字段属性

（13）看到 stu 表已经创建成功，选择“打开表”选项，通过右下角的“新增行”按钮输入几条测试记录，如图 12-16 所示。

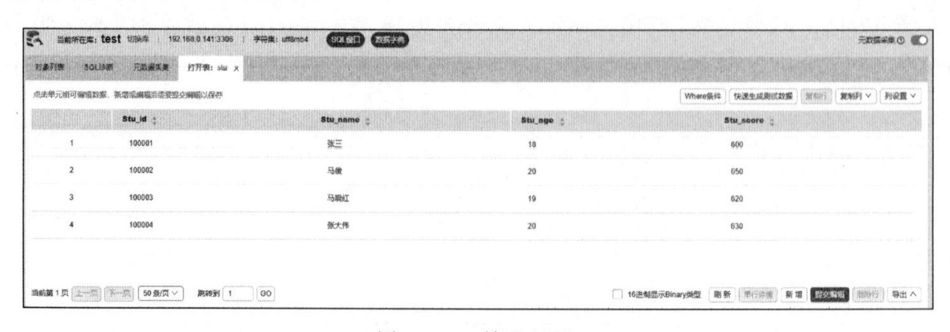

图 12-16　输入记录

（14）然后单击“提交编辑”按钮，在弹出的 SQL 预览窗口中单击“确定”按钮，到此为止，测试数据已经准备完毕。

2）Java 远程连接 MySQL 测试程序

在本地计算机上输入以下 Java 源程序并编译运行，查看输出运行结果，看是否能够读取远程鲲鹏云服务器中的数据。注意编译和运行时要用到 MySQL 的连接库 mysql.jar，该库可以从网上下载，下载时注意版本。本地命令窗口编译运行效果如图 12-17 所示，如果是集成开发环境，将 mysql.jar 加入依赖库即可。

```
//ConnectToMySQL.java
import java.sql.Connection;
import java.sql.DriverManager;
import java.sql.ResultSet;
import java.sql.SQLException;
import java.sql.Statement;
public class ConnectToMySQL {
    public static Connection getConnection ( ) throws SQLException, java.lang.
ClassNotFoundException{
        String url = "jdbc:mysql://121.36.87.115:3306/test?characterEncoding = utf8";
// 连接 MySQL 中的 test 数据库,传输编码为 utf8
        Class.forName("com.mysql.jdbc.Driver");
        String userName = "root";              // 登录用户名
        String password = "Root1234";          // 输入前面购买数据库服务器时输入的密码
        Connection con = DriverManager.getConnection(url, userName, password);
        return con;
    }
    public static void main(String[] args){
        try{
            Connection con = getConnection();
            Statement sql = con.createStatement();
            String querystatement = "select * from stu";// 查询 stu 表中的记录
            ResultSet result = sql.executeQuery(querystatement);
            System.out.println("\tStu 表数据如下: ");
            System.out.println(" ---------------------------------- ");
            System.out.println("学    号\t" + "姓    名\t" +"年龄\t"+"成    绩");
            System.out.println(" ---------------------------------- ");
            String stu_id;
            String stu_name;
            int stu_age;
            float stu_score;
            while (result.next()){
                stu_id = result.getString("Stu_id");
                stu_name = result.getString("Stu_name");
                stu_age = result.getInt("Stu_age");
                stu_score = result.getFloat("Stu_score");
                System.out.println(stu_id + "\t" + stu_name + "\t" + stu_age + "\t" + stu_
score);
            }
            sql.close();
            con.close();
        } catch (java.lang.ClassNotFoundException e) {
            System.err.println("ClassNotFoundException:" + e.getMessage());
        } catch (SQLException ex) {
```

```
                System.err.println("SQLException:" + ex.getMessage());
            }
        }
    }
```

```
C:\Windows\System32\cmd.exe

D:\myjava2021>javac -encoding utf8 -cp mysql.jar ConnectToMySQL.java

D:\myjava2021>java -cp mysql.jar;.; ConnectToMySQL
        Stu表数据如下:
学  号 姓   名 年龄    成   绩

100001  张三    18      600.0
100002  马俊    20      650.0
100003  马晓红  19      620.0
100004  张大伟  20      630.0
100005  李晓伟  18      630.0

D:\myjava2021>
```

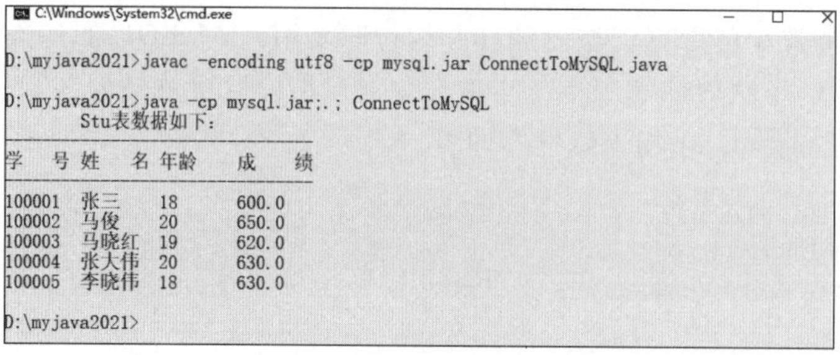

图 12-17 读取远程鲲鹏云服务器中的数据内容

请解释 DriverManager.getConnection(url,userName, password);的作用。

3）修改数据库表数据操作

在本地计算机(或已经购买好的远程计算机上)输入以下 Java 源程序,用来测试修改数据库中表的内容,如图 12-18 所示为在远程鲲鹏云服务器上的修改操作,具体操作步骤参考 1.2 节的内容。

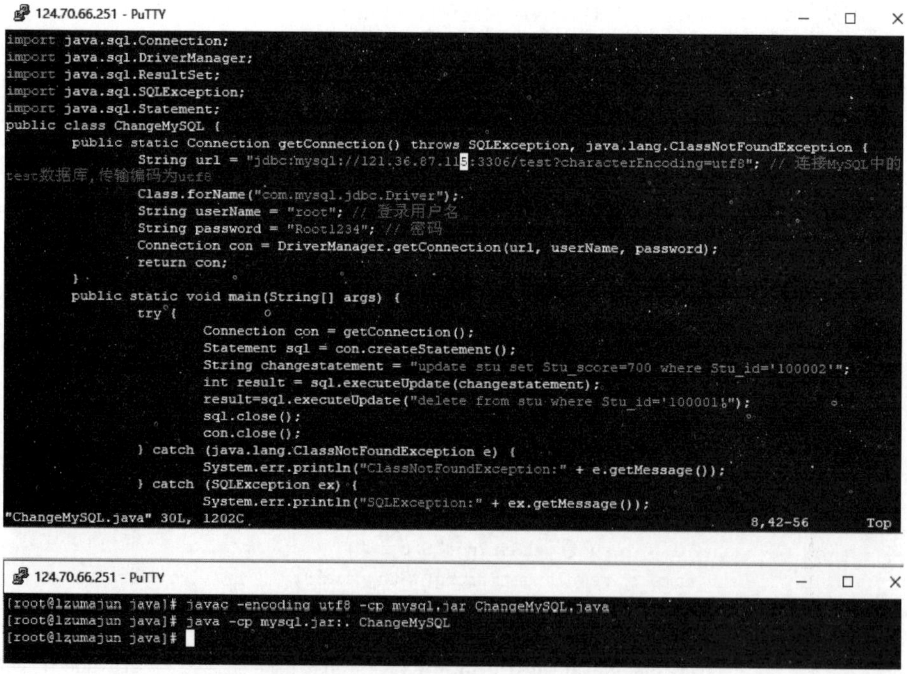

```
124.70.66.251 - PuTTY
import java.sql.Connection;
import java.sql.DriverManager;
import java.sql.ResultSet;
import java.sql.SQLException;
import java.sql.Statement;
public class ChangeMySQL {
        public static Connection getConnection() throws SQLException, java.lang.ClassNotFoundException {
                String url = "jdbc:mysql://121.36.87.115:3306/test?characterEncoding=utf8"; // 连接MySQL中的
test数据库,传输编码为utf8
                Class.forName("com.mysql.jdbc.Driver");
                String userName = "root"; // 登录用户名
                String password = "Root1234"; // 密码
                Connection con = DriverManager.getConnection(url, userName, password);
                return con;
        }
        public static void main(String[] args) {
                try {
                        Connection con = getConnection();
                        Statement sql = con.createStatement();
                        String changestatement = "update stu set Stu_score=700 where Stu_id='100002'";
                        int result = sql.executeUpdate(changestatement);
                        result=sql.executeUpdate("delete from stu where Stu_id='100001'");
                        sql.close();
                        con.close();
                } catch (java.lang.ClassNotFoundException e) {
                        System.err.println("ClassNotFoundException:" + e.getMessage());
                } catch (SQLException ex) {
                        System.err.println("SQLException:" + ex.getMessage());
"ChangeMySQL.java" 30L, 1202C                                              8,42-56       Top
```

```
124.70.66.251 - PuTTY
[root@lzumajun java]# javac -encoding utf8 -cp mysql.jar ChangeMySQL.java
[root@lzumajun java]# java -cp mysql.jar:. ChangeMySQL
[root@lzumajun java]#
```

图 12-18 在远程鲲鹏弹性云服务器上编译运行修改数据库的 Java 程序

在本地计算机上执行 Java 程序后的运行结果如图 12-19 所示。

看到数据库的内容已经被修改了,从这个实验读者应该学会云数据库的购买和操作,也应该明白网络数据库的基本工作原理。根据所学内容,请写出这两个程序使用 JDBC 连接

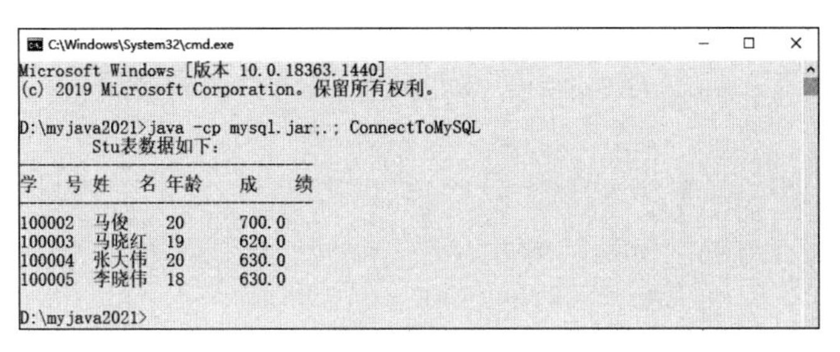

图 12-19 在本地计算机上执行 Java 程序后的运行结果

数据库的应用程序所需要的步骤对应的具体语句。

①

②

③

④

⑤

⑥

解释 Class. forName()的作用：________________________________。

解释 sql. executeQuery()和 sql. executeUpdate()方法的作用：________________。

4) Excel 表格数据导入数据库操作

以下程序演示如何将 Excel 表格的内容导入数据库中，Excel 表格文件为 student. xls，文件内容如图 12-20 所示。请输入并编译运行以下 Java 程序，运行结果如图 12-21 所示。

	A	B	C	D	E	F
1	姓名	院系	科目	成绩	订单编号	
2	魏人	信息科学与工程学院	单片机设计与开发大学组	90	20191213000806	
3	闵睿杰	信息科学与工程学院	单片机设计与开发大学组	90	20191213000806	
4	祝纪颜熠	信息科学与工程学院	嵌入式设计与开发大学组	90	20191213000806	
5	谢炜康	信息科学与工程学院	单片机设计与开发大学组	80	20191213000806	
6	祁雪龙	信息科学与工程学院	单片机设计与开发大学组	80	20191213000806	
7	季康龙	信息科学与工程学院	嵌入式设计与开发大学组	80	20191213000806	
8	高硕圆	信息科学与工程学院	嵌入式设计与开发大学组	95	20191213000806	
9	钟睿芸	信息科学与工程学院	嵌入式设计与开发大学组	95	20191213000806	
10	徐乃杰	信息科学与工程	单片机设计与开发大学组	88	20191213000806	
11	徐天卓	信息科学与工程学院	嵌入式设计与开发大学组	88	20191213000806	
12	罗于茹	信息科学与工程学院	嵌入式设计与开发大学组	92	20191213000806	
13	崔孜威	信息科学与工程学院	嵌入式设计与开发大学组	92	20191213000806	
14	夏森林	信息科学与工程学院	嵌入式设计与开发大学组	90	20191213000806	
15	莫名秀	信息科学与工程学院	单片机设计与开发大学组	96	20191213000806	
16	舒祺	信息科学与工程学院	嵌入式设计与开发大学组	90	20191213000806	
17	刘骢超	信息科学与工程学院	嵌入式设计与开发大学组	86	20191213000859	
18						

图 12-20 文件 student. xls 内容

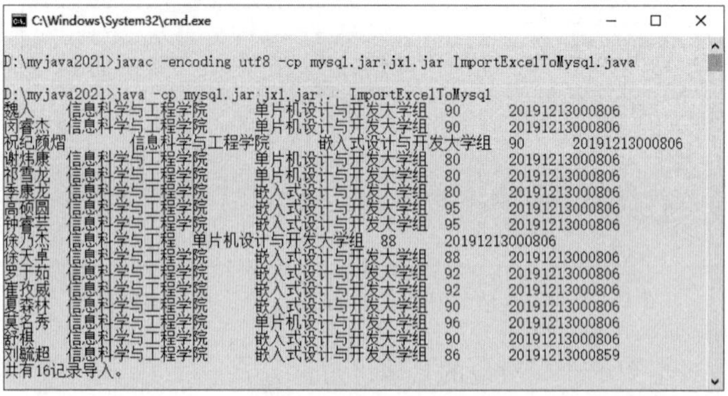

```
C:\Windows\System32\cmd.exe

D:\myjava2021>javac -encoding utf8 -cp mysql.jar;jxl.jar ImportExcelToMysql.java

D:\myjava2021>java -cp mysql.jar;jxl.jar;. ImportExcelToMysql
魏人	信息科学与工程学院	单片机设计与开发大学组	90	20191213000806
闵睿杰	信息科学与工程学院	单片机设计与开发大学组	90	20191213000806
祝纪颜熠	信息科学与工程学院	嵌入式设计与开发大学组	90	20191213000806
谢炜康	信息科学与工程学院	单片机设计与开发大学组	80	20191213000806
祁雪龙	信息科学与工程学院	单片机设计与开发大学组	80	20191213000806
李康龙	信息科学与工程学院	嵌入式设计与开发大学组	80	20191213000806
高硕圆	信息科学与工程学院	嵌入式设计与开发大学组	95	20191213000806
钟睿芸	信息科学与工程学院	嵌入式设计与开发大学组	95	20191213000806
徐乃杰	信息科学与工程	单片机设计与开发大学组	88	20191213000806
徐天卓	信息科学与工程学院	嵌入式设计与开发大学组	88	20191213000806
罗子茹	信息科学与工程学院	嵌入式设计与开发大学组	92	20191213000806
崔孜威	信息科学与工程学院	嵌入式设计与开发大学组	92	20191213000806
夏森林	信息科学与工程学院	嵌入式设计与开发大学组	90	20191213000806
莫名秀	信息科学与工程学院	单片机设计与开发大学组	96	20191213000806
舒棋	信息科学与工程学院	嵌入式设计与开发大学组	90	20191213000806
刘毓超	信息科学与工程学院	嵌入式设计与开发大学组	86	20191213000859
共有16记录导入。
```

图 12-21　运行效果图

```
//importExcelToMysql.java
import java.io.File;
import java.io.IOException;
import java.sql.Connection;
import java.sql.DriverManager;
import java.sql.PreparedStatement;
import java.sql.SQLException;
import java.sql.Statement;
import jxl.Sheet;
import jxl.Workbook;
import jxl.read.biff.BiffException;
public class ImportExcelToMysql {
    public static Connection getConnection () throws SQLException, java.lang.ClassNotFoundException{
        String url = "jdbc:mysql://121.36.87.115:3306/lzu2021students?characterEncoding=utf8";    // 连接 MySQL 中的数据库
        Class.forName("com.mysql.jdbc.Driver");
        String userName = "root";        // 登录用户名
        String password = "Root1234";    // 密码
        Connection con = DriverManager.getConnection(url, userName, password);
        return con;
    }
    public static void main(String[] args){
        Workbook book = null;
        try{
            Connection con = getConnection();
            Statement sql = con.createStatement();
            /* 创建表 */
            sql.execute("drop table if exists student");// 如果原来存在 student 表,则删除
            sql.execute("create table student(姓名 varchar(12),学院 varchar(30),科目 varchar(30),成绩 int,订单编号 varchar(15)) ENGINE=InnoDB DEFAULT CHARSET=utf8;");
                PreparedStatement pstmt = con.prepareStatement("insert into student values(?,?,?,?,?)");
            /* 读取本地 Excel 文件内容 */
            book = Workbook.getWorkbook(new File("d://temp//readme.xls"));
            // 获取 Excel 第一个选项卡对象
            Sheet sheet = book.getSheet(0);
            int cols = sheet.getColumns();    // 取到表格的列数
            int rows = sheet.getRows();       // 取到表格的行数
```

```
            String[] contents = new String[cols];
            for (int i = 1; i < sheet.getRows(); i++){
                for (int j = 0; j < cols; j++){
                    contents[j] = sheet.getCell(j, i).getContents();
                    if (j == 3)
                        pstmt.setInt(4, Integer.parseInt(contents[j]));
                    else
                        pstmt.setString(j + 1, contents[j]);
                    System.out.print(contents[j] + "\t");
                }
                pstmt.executeUpdate();
                System.out.println();
            }
            System.out.println("共有" + (rows - 1) + "记录导入.");
            sql.close();
            pstmt.close();
            con.close();
        } catch (java.lang.ClassNotFoundException e) {
            System.err.println("ClassNotFoundException:" + e.getMessage());
        } catch (SQLException ex) {
            System.err.println("SQLException:" + ex.getMessage());
        } catch (BiffException e) {
            // TODO Auto - generated catch block
            e.printStackTrace();
        } catch (IOException e) {
            // TODO Auto - generated catch block
            e.printStackTrace();
        }
    }
}
```

打开云数据库管理平台，使用 root 用户登录，打开 lzu2021students 数据库查看，看到多了一个 student 数据表，内容就是 Excel 表格 student.xls 的内容，如图 12-22 所示。同理，也可以将数据库表的内容导出为 Excel 电子表格或 PDF 文档，同学们可以自己设计实验完成这些工作。

图 12-22　从云数据管理平台查看导入结果

2. 在鲲鹏云服务器上安装配置 MySQL Web 的运行环境

1）将 MySQL 移植到鲲鹏云服务器

在自己购买的鲲鹏云服务器上安装 MySQL，这种方案对于读者和一些小公司来说还是比较节省成本的。因为鲲鹏云服务器采用的是 ARM 架构，这和以前常用的 x86 架构有所不同，所以很多用 C 或 C++编写的程序不能直接安装使用，需要从源代码重新编译才行，并且编译时要考虑依赖库和可移植性，下面假设在前面购买的华为鲲鹏云服务器上安装 MySQL。

(1) 首先登录华为云账号，找到购买的鲲鹏云服务器，选择"更多"→"开机"选项，记录其公网弹性 IP 地址，此处为 124.70.66.251，如图 12-23 所示。

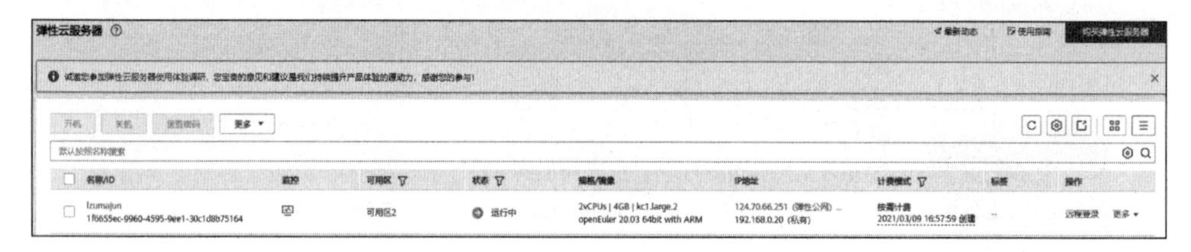

图 12-23　远程鲲鹏云服务器开机运行

(2) 安装华为鲲鹏代码迁移工具，打开本地计算机的 PuTTY 软件，如图 12-24 所示，在 Host Name(or IP address)栏中输入 lzumajun 鲲鹏云服务器的公网 IP 地址，然后单击 Open 按钮。

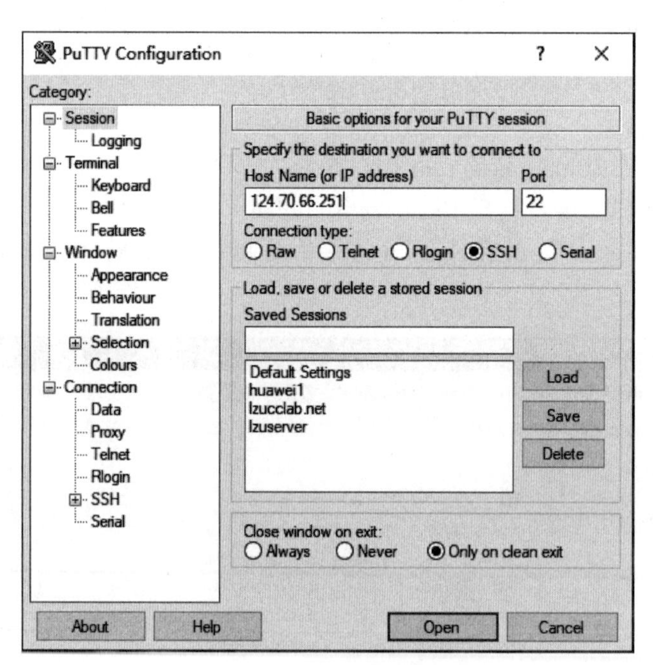

图 12-24　PuTTY 连接服务器

(3) 输入 root 的登录密码，登录服务器，如图 12-25 所示。

打开 PuTTY 的控制菜单，选择 Category→Connection 选项，设置心跳时间为 120 秒，如图 12-26 所示。

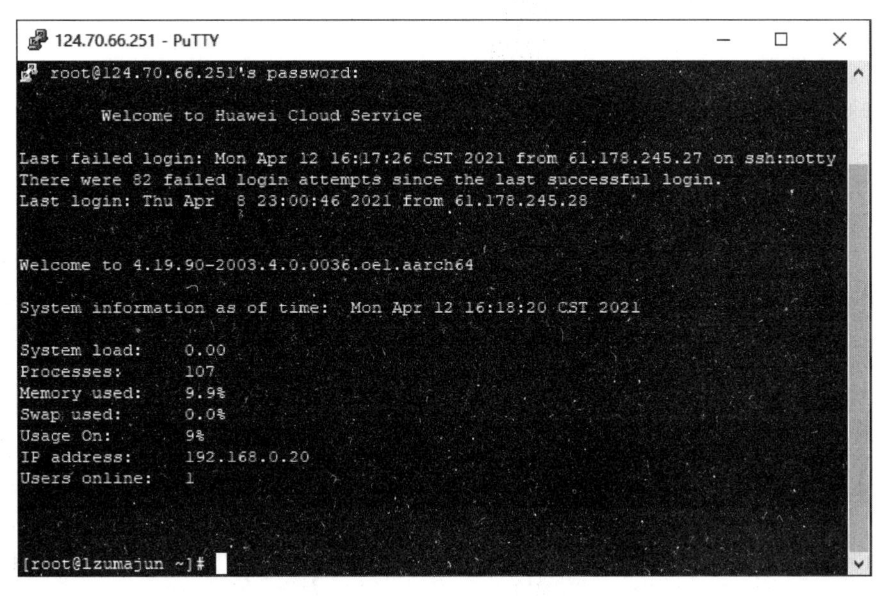

图 12-25　登录 lzumajun 鲲鹏云服务器

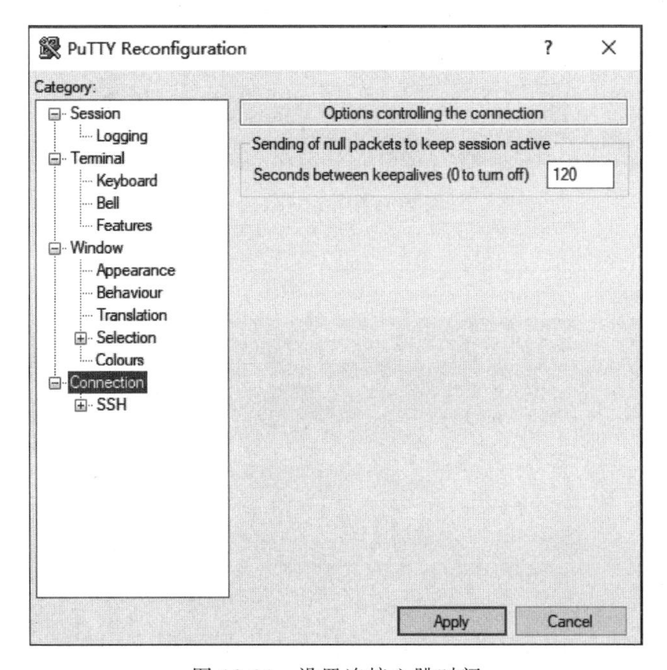

图 12-26　设置连接心跳时间

(4) 执行以下命令，下载华为鲲鹏代码迁移工具软件包，如图 12-27 所示。

```
cd /home/
wget  https://kunpeng-inno.obs.cn-north-4.myhuaweicloud.com/Porting-advisor-Kunpeng
-linux-2.1.1.SPC100.tar.gz
```

(5) 执行以下命令，查看是否存在华为鲲鹏代码迁移工具安装包：Porting-advisor-Kunpeng-linux-2.1.1.SPC100.tar.gz，若存在则直接解压缩，如图 12-28 所示，否则重复步骤(2)～(4),重新上传。

```
ls
tar -zxvf Porting-advisor-Kunpeng-linux-2.1.1.SPC100.tar.gz
```

```
124.70.66.251 - PuTTY
[root@lzumajun ~]#
[root@lzumajun ~]# ls
java  myjava
[root@lzumajun ~]# cd /home/
[root@lzumajun home]# ls
[root@lzumajun home]# wget  https://kunpeng-inno.obs.cn-north-4.myhuaweicloud.co
m/Porting-advisor-Kunpeng-linux-2.1.1.SPC100.tar.gz
--2021-04-12 16:33:22--  https://kunpeng-inno.obs.cn-north-4.myhuaweicloud.com/P
orting-advisor-Kunpeng-linux-2.1.1.SPC100.tar.gz
Resolving kunpeng-inno.obs.cn-north-4.myhuaweicloud.com (kunpeng-inno.obs.cn-nor
th-4.myhuaweicloud.com)... 100.125.80.29
Connecting to kunpeng-inno.obs.cn-north-4.myhuaweicloud.com (kunpeng-inno.obs.cn
-north-4.myhuaweicloud.com)|100.125.80.29|:443... connected.
HTTP request sent, awaiting response... 200 OK
Length: 342656152 (327M) [application/octet-stream]
Saving to: 'Porting-advisor-Kunpeng-linux-2.1.1.SPC100.tar.gz'

Porting-advisor-Kun 100%[===================>] 326.78M   191MB/s    in 1.7s

2021-04-12 16:33:24 (191 MB/s) - 'Porting-advisor-Kunpeng-linux-2.1.1.SPC100.tar
.gz' saved [342656152/342656152]

[root@lzumajun home]#
```

图 12-27　下载华为鲲鹏云代码迁移工具软件包

```
124.70.66.251 - PuTTY
Length: 342656152 (327M) [application/octet-stream]
Saving to: 'Porting-advisor-Kunpeng-linux-2.1.1.SPC100.tar.gz'

Porting-advisor-Kun 100%[===================>] 326.78M   191MB/s    in 1.7s

2021-04-12 16:33:24 (191 MB/s) - 'Porting-advisor-Kunpeng-linux-2.1.1.SPC100.tar
.gz' saved [342656152/342656152]

[root@lzumajun home]# ls
Porting-advisor-Kunpeng-linux-2.1.1.SPC100.tar.gz
[root@lzumajun home]# tar -zxvf Porting-advisor-Kunpeng-linux-2.1.1.SPC100.tar.g
z
Porting-advisor-Kunpeng-linux-2.1.1.SPC100/
Porting-advisor-Kunpeng-linux-2.1.1.SPC100/webui.tar.gz
Porting-advisor-Kunpeng-linux-2.1.1.SPC100/install.sh
Porting-advisor-Kunpeng-linux-2.1.1.SPC100/install_func.sh
Porting-advisor-Kunpeng-linux-2.1.1.SPC100/architecture
Porting-advisor-Kunpeng-linux-2.1.1.SPC100/upgrade.sh
Porting-advisor-Kunpeng-linux-2.1.1.SPC100/check_port_conflict.sh
Porting-advisor-Kunpeng-linux-2.1.1.SPC100/cmd.tar.gz
Porting-advisor-Kunpeng-linux-2.1.1.SPC100/uninstall.sh
Porting-advisor-Kunpeng-linux-2.1.1.SPC100/portal.tar.gz
Porting-advisor-Kunpeng-linux-2.1.1.SPC100/install_webfunc.sh
[root@lzumajun home]#
```

图 12-28　解压移植工具包

(6) 执行以下命令,进入解压后的华为鲲鹏代码迁移工具安装包目录,安装其 Web 模式,如图 12-29 所示。

```
cd Porting-advisor-Kunpeng-linux-2.1.1.SPC100
sh install.sh web
```

配置 Web Server 的 IP 地址: 按 Enter 键,默认为操作系统上的所有 IP 地址。

配置 https 端口: 按 Enter 键,默认为 8084。

配置 tool 端口: 按 Enter 键,默认为 7998。

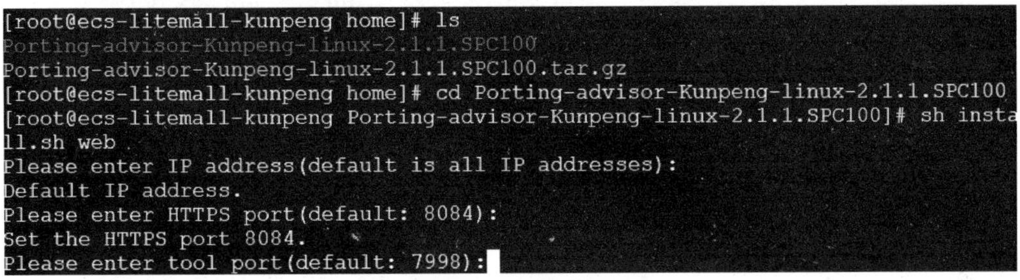

```
[root@ecs-litemall-kunpeng home]# ls
Porting-advisor-Kunpeng-linux-2.1.1.SPC100
Porting-advisor-Kunpeng-linux-2.1.1.SPC100.tar.gz
[root@ecs-litemall-kunpeng home]# cd Porting-advisor-Kunpeng-linux-2.1.1.SPC100
[root@ecs-litemall-kunpeng Porting-advisor-Kunpeng-linux-2.1.1.SPC100]# sh insta
ll.sh web
Please enter IP address(default is all IP addresses):
Default IP address.
Please enter HTTPS port(default: 8084):
Set the HTTPS port 8084.
Please enter tool port(default: 7998):
```

图 12-29 配置迁移工具 Web 方式

(7) 等待 3~5 分钟完成安装,直到出现如图 12-30 所示的回显信息,表示安装成功。

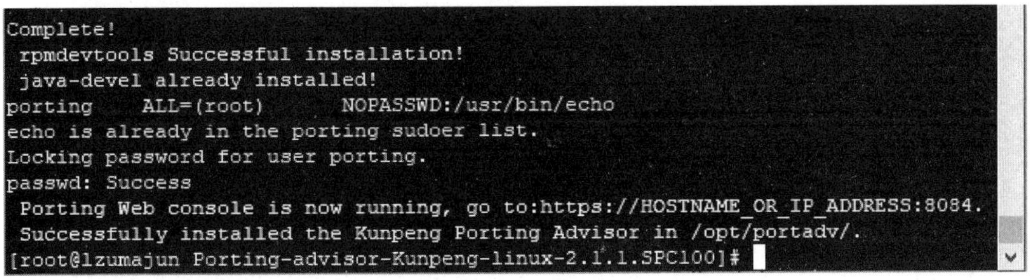

```
Complete!
 rpmdevtools Successful installation!
 java-devel already installed!
porting    ALL=(root)      NOPASSWD:/usr/bin/echo
echo is already in the porting sudoer list.
Locking password for user porting.
passwd: Success
 Porting Web console is now running, go to:https://HOSTNAME_OR_IP_ADDRESS:8084.
 Successfully installed the Kunpeng Porting Advisor in /opt/portadv/.
[root@lzumajun Porting-advisor-Kunpeng-linux-2.1.1.SPC100]#
```

图 12-30 配置 Web Server 成功

(8) 准备分析 MySQL 源代码,进入云服务器的/opt/portadv/portadmin/目录,下载 MySQL 源代码包 mysql-boost-5.7.29.tar.gz,如图 12-31 所示。

```
cd /opt/portadv/portadmin
wget https://kunpeng-inno.obs.cn-north-4.myhuaweicloud.com/mysql-boost-5.7.29.tar.gz
```

(9) 执行以下命令,查看是否存在源代码包,若存在则直接解压缩,如图 12-32 所示,否则需要重新下载。

```
ls
tar -zxvf mysql-boost-5.7.29.tar.gz
```

(10) 使用 PC 上的浏览器访问鲲鹏云服务器的弹性公网 IP 地址,端口为 8084,此处应是 https://124.70.66.251:8084,进入华为鲲鹏代码迁移工具的 Web 页面,如图 12-33 所示。注意: 系统的默认首次登录用户名为 portadmin,默认密码为 Admin@9000。

```
124.70.66.251 - PuTTY
[root@lzumajun Porting-advisor-Kunpeng-linux-2.1.1.SPC100]# cd /opt/portadv/port
admin
[root@lzumajun portadmin]# wget https://kunpeng-inno.obs.cn-north-4.myhuaweiclou
d.com/mysql-boost-5.7.29.tar.gz
--2021-04-12 18:28:30--  https://kunpeng-inno.obs.cn-north-4.myhuaweicloud.com/m
ysql-boost-5.7.29.tar.gz
Resolving kunpeng-inno.obs.cn-north-4.myhuaweicloud.com (kunpeng-inno.obs.cn-nor
th-4.myhuaweicloud.com)... 100.125.80.126
Connecting to kunpeng-inno.obs.cn-north-4.myhuaweicloud.com (kunpeng-inno.obs.cn
-north-4.myhuaweicloud.com)|100.125.80.126|:443... connected.
HTTP request sent, awaiting response... 200 OK
Length: 51417554 (49M) [application/octet-stream]
Saving to: 'mysql-boost-5.7.29.tar.gz'

mysql-boost-5.7.29. 100%[===================>]  49.04M   117MB/s    in 0.4s

2021-04-12 18:28:31 (117 MB/s) - 'mysql-boost-5.7.29.tar.gz' saved [51417554/514
17554]
```

图 12-31　下载 MySQL-5.7.29 源代码

```
124.70.66.251 - PuTTY
mysql-5.7.29/boost/boost_1_59_0/boost/pool/object_pool.hpp
mysql-5.7.29/boost/boost_1_59_0/boost/pool/pool_alloc.hpp
mysql-5.7.29/boost/boost_1_59_0/boost/pool/detail/
mysql-5.7.29/boost/boost_1_59_0/boost/pool/detail/pool_construct.ipp
mysql-5.7.29/boost/boost_1_59_0/boost/pool/detail/pool_construct_simple.ipp
mysql-5.7.29/boost/boost_1_59_0/boost/pool/detail/pool_construct.m4
mysql-5.7.29/boost/boost_1_59_0/boost/pool/detail/pool_construct.bat
mysql-5.7.29/boost/boost_1_59_0/boost/pool/detail/pool_construct.sh
mysql-5.7.29/boost/boost_1_59_0/boost/pool/detail/pool_construct_simple.bat
mysql-5.7.29/boost/boost_1_59_0/boost/pool/detail/for.m4
mysql-5.7.29/boost/boost_1_59_0/boost/pool/detail/pool_construct_simple.sh
mysql-5.7.29/boost/boost_1_59_0/boost/pool/detail/pool_construct_simple.m4
mysql-5.7.29/boost/boost_1_59_0/boost/pool/detail/mutex.hpp
mysql-5.7.29/boost/boost_1_59_0/boost/pool/detail/guard.hpp
mysql-5.7.29/boost/boost_1_59_0/boost/pool/poolfwd.hpp
mysql-5.7.29/boost/boost_1_59_0/boost/pool/simple_segregated_storage.hpp
mysql-5.7.29/boost/boost_1_59_0/boost/pool/pool.hpp
mysql-5.7.29/boost/boost_1_59_0/boost/pool/singleton_pool.hpp
[root@lzumajun portadmin]#
```

图 12-32　解压 MySQL 源代码包

图 12-33　华为鲲鹏代码迁移工具首次登录界面

提示：如果出现“您的连接不是私密连接”页面，单击“高级”按钮，如图 12-34 所示。

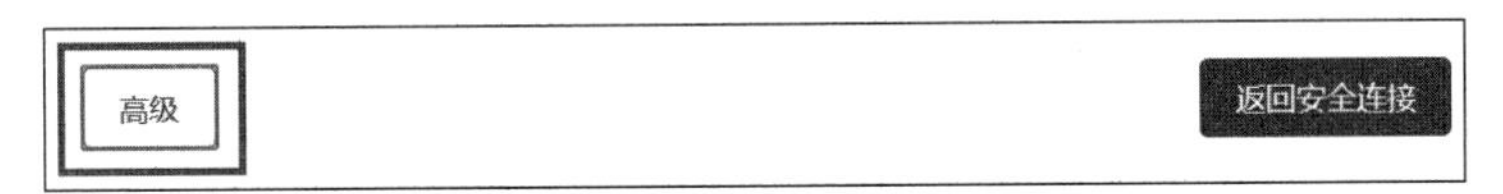

图 12-34　通过浏览器连接远程数据库 1

如果出现如图 12-35 所示的界面，单击“继续前往 119.3.208.193(不安全)”选项继续。

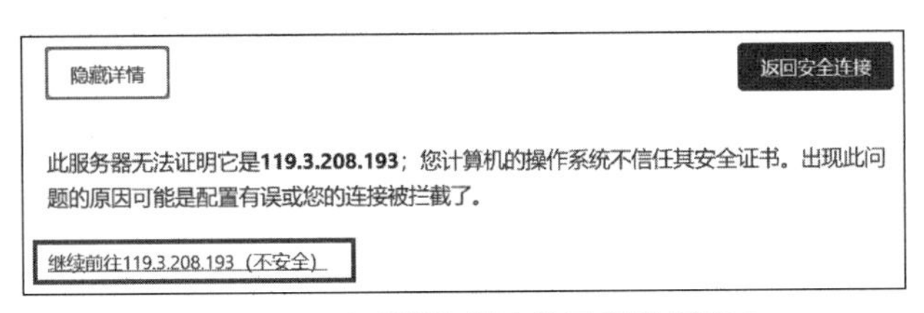

图 12-35　通过浏览器连接远程数据库 2

首次登录 Web 的用户，系统会提示修改默认密码。请按提示修改密码，密码需要满足如下复杂度要求。

① 密码长度为 6～32 个字符。

② 必须包含大写字母、小写字母、数字、特殊字符(`～！ @ # $ %^& * ()-_=+\|[{}];:'",<.>/?)中两种以上的字符。

(11) 再次进入登录界面，如图 12-36 所示，输入修改后的用户名和密码，单击“登录”按钮。

图 12-36　华为鲲鹏代码迁移工具的登录页面

(12) 配置源代码存放路径，选择构建工具为 cmake，其他参数保持默认值，单击“分析”按钮，生成分析报告，如图 12-37 所示。

说明：这里的源代码存放路径参数填写“mysql-5.7.29/”，其中“/opt/portadv/portadmin/”为固定路径，源码代码全路径为“/opt/portadv/portadmin/mysql-5.7.29/”。

(13) 在弹窗页面中会显示任务分析进度，分析完成后，自动跳转至“迁移报告”界面，如图 12-38 所示。

源代码存放路径　/opt/portadv/portadmin/

mysql-5.7.29/

检查项目：编译器选项、编译器宏、汇编程序、内置函数、属性

目标操作系统　openEuler 20.03

构建工具　cmake

*编译命令　cmake

编译器版本　GCC 7.3

目标系统内核版本　4.19.90

分析

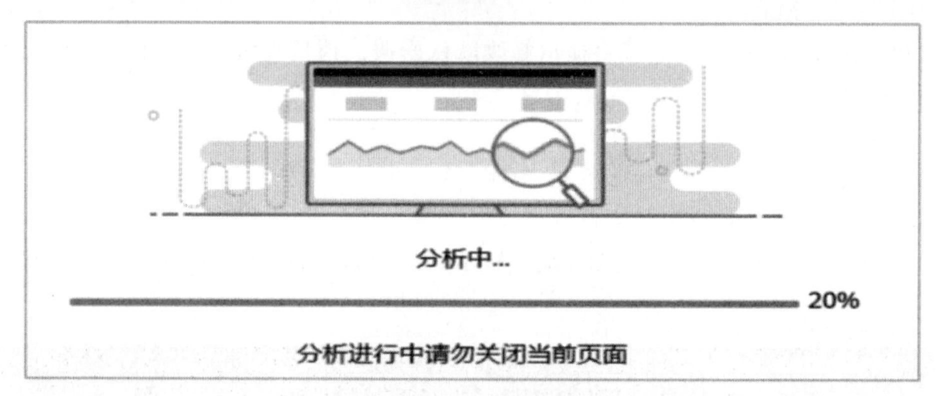

图 12-37　源代码存储路径设置和分析进度

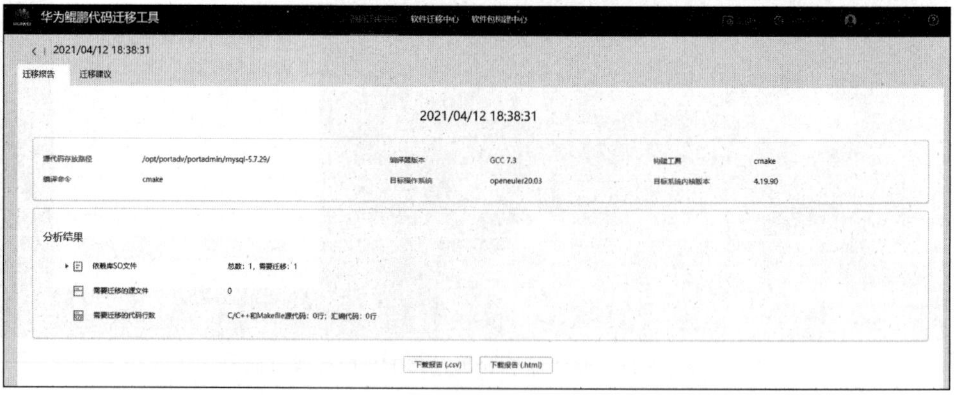

华为鲲鹏代码迁移工具　软件迁移中心　软件包构建中心

2021/04/12 18:38:31

迁移报告　迁移建议

2021/04/12 18:38:31

源代码存放路径　/opt/portadv/portadmin/mysql-5.7.29/　编译器版本　GCC 7.3　构建工具　cmake

编译命令　cmake　目标操作系统　openeuler20.03　目标系统内核版本　4.19.90

分析结果

依赖库SO文件　总数：1，需要迁移：1

需要迁移的源文件　0

需要迁移的代码行数　C/C++和Makefile源代码：0行；汇编代码：0行

下载报告(.csv)　下载报告(.html)

图 12-38　查看迁移报告

（14）等待约5分钟分析完成后，选择左上角的"迁移建议"选项，迁移建议如图12-39所示（注意：此步骤需要截图并提交作业）。

（15）从迁移报告中可以看出，需要移植的依赖库SO文件为1、源文件为0、代码行数共为0行，迁移建议中对需要修改的内容做了解释，并做了高亮处理。

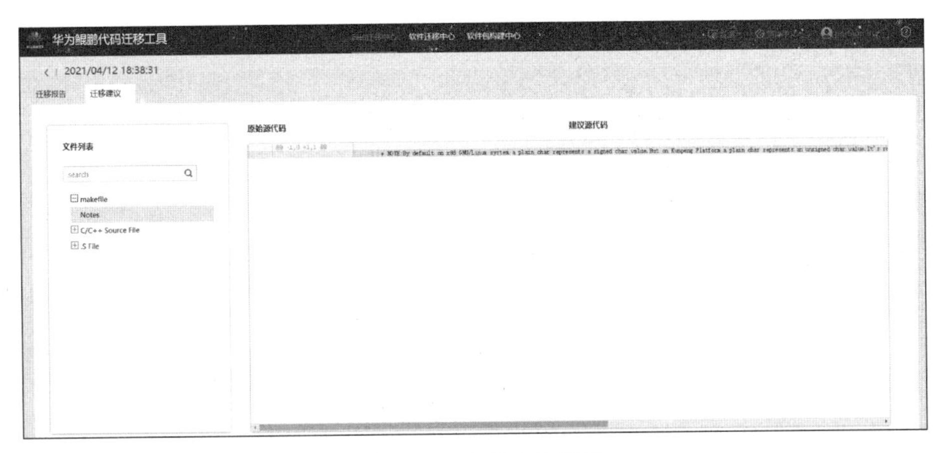

图 12-39　查看迁移建议

(16) 安装 CMake 编译工具。对于复杂的系统程序，CMake 可以帮助完成整个系统的编译工程，有关 CMake 的介绍读者可以上网查阅相关资料。首先检查 CMake 是否已经安装，执行 cmake -version 命令返回安装版本号，说明已安装好，否则需要安装 CMake。

(17) 获取 CMake 源代码。按照如下操作下载 CMake，下载回显信息如图 12-40 所示。

```
cd /usr/local/src
wget https://kunpeng-inno.obs.cn-north-4.myhuaweicloud.com/cmake-3.9.2.tar.gz
```

```
124.70.66.251 - PuTTY
[root@lzumajun portadmin]# rpm -qa |grep cmake
[root@lzumajun portadmin]# cd /usr/local/src
[root@lzumajun src]# wget https://kunpeng-inno.obs.cn-north-4.myhuaweicloud.com/
cmake-3.9.2.tar.gz
--2021-04-12 18:58:02--  https://kunpeng-inno.obs.cn-north-4.myhuaweicloud.com/c
make-3.9.2.tar.gz
Resolving kunpeng-inno.obs.cn-north-4.myhuaweicloud.com (kunpeng-inno.obs.cn-nor
th-4.myhuaweicloud.com)... 100.125.80.190
Connecting to kunpeng-inno.obs.cn-north-4.myhuaweicloud.com (kunpeng-inno.obs.cn
-north-4.myhuaweicloud.com)|100.125.80.190|:443... connected.
HTTP request sent, awaiting response... 200 OK
Length: 7703777 (7.3M) [application/gzip]
Saving to: 'cmake-3.9.2.tar.gz'

cmake-3.9.2.tar.gz  100%[===================>]   7.35M  --.-KB/s    in 0.06s

2021-04-12 18:58:03 (127 MB/s) - 'cmake-3.9.2.tar.gz' saved [7703777/7703777]

[root@lzumajun src]#
```

图 12-40　下载 CMake

(18) 解压软件包，执行如下操作，显示信息如图 12-41 所示。

```
tar -zxvf cmake-3.9.2.tar.gz
```

(19) 进入 CMake 的安装目录，安装 CMake，操作如图 12-42 所示。

```
cd cmake-3.9.2
```

“-j”参数可利用多核 CPU 加快编译速度，在本示例中，使用的是 2 核 CPU，所以此处为“-j2”。

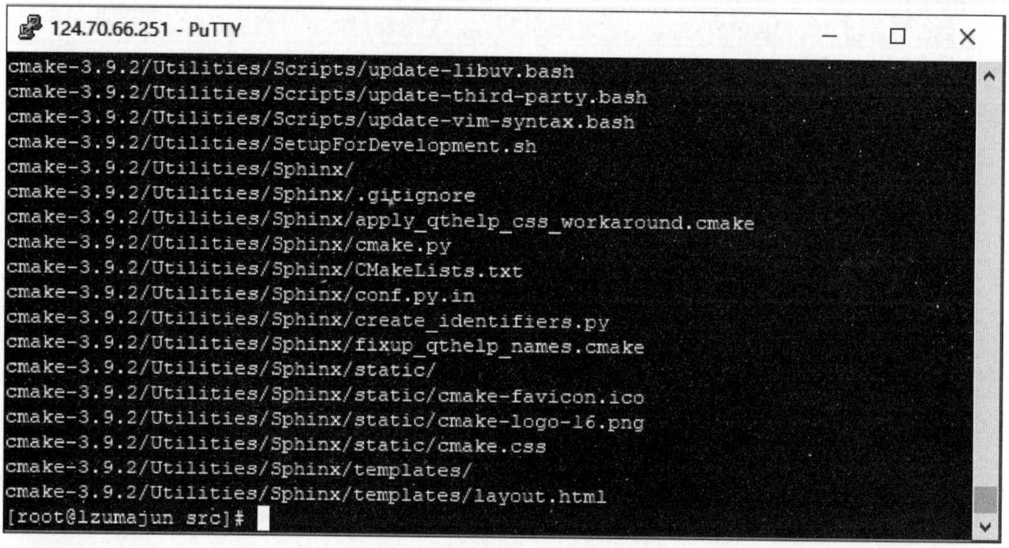

```
124.70.66.251 - PuTTY
cmake-3.9.2/Utilities/Scripts/update-libuv.bash
cmake-3.9.2/Utilities/Scripts/update-third-party.bash
cmake-3.9.2/Utilities/Scripts/update-vim-syntax.bash
cmake-3.9.2/Utilities/SetupForDevelopment.sh
cmake-3.9.2/Utilities/Sphinx/
cmake-3.9.2/Utilities/Sphinx/.gitignore
cmake-3.9.2/Utilities/Sphinx/apply_qthelp_css_workaround.cmake
cmake-3.9.2/Utilities/Sphinx/cmake.py
cmake-3.9.2/Utilities/Sphinx/CMakeLists.txt
cmake-3.9.2/Utilities/Sphinx/conf.py.in
cmake-3.9.2/Utilities/Sphinx/create_identifiers.py
cmake-3.9.2/Utilities/Sphinx/fixup_qthelp_names.cmake
cmake-3.9.2/Utilities/Sphinx/static/
cmake-3.9.2/Utilities/Sphinx/static/cmake-favicon.ico
cmake-3.9.2/Utilities/Sphinx/static/cmake-logo-16.png
cmake-3.9.2/Utilities/Sphinx/static/cmake.css
cmake-3.9.2/Utilities/Sphinx/templates/
cmake-3.9.2/Utilities/Sphinx/templates/layout.html
[root@lzumajun src]#
```

图 12-41　解压 CMake

```
[root@lzumajun cmake-3.9.2]# cat /proc/cpuinfo|grep "processor"|wc -l
2
[root@lzumajun cmake-3.9.2]# make -j2 && make install
```

图 12-42　查看 CPU 核数并安装 CMake

可通过下述命令查询 CPU 核数：cat /proc/cpuinfo| grep "processor"| wc -l

```
./configure
make - j2 && make install
```

执行前面的命令后，显示信息如图 12-43 所示。

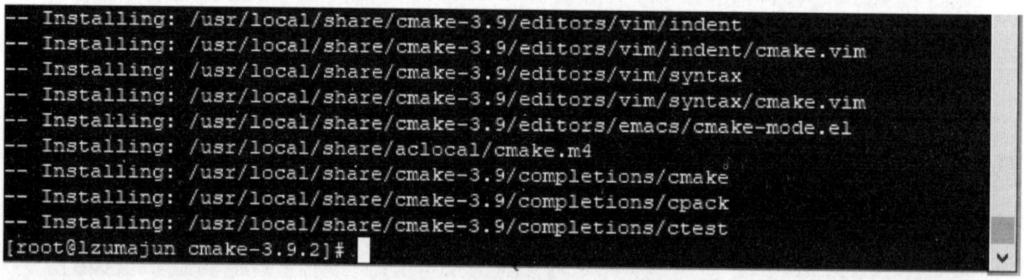

```
-- Installing: /usr/local/share/cmake-3.9/editors/vim/indent
-- Installing: /usr/local/share/cmake-3.9/editors/vim/indent/cmake.vim
-- Installing: /usr/local/share/cmake-3.9/editors/vim/syntax
-- Installing: /usr/local/share/cmake-3.9/editors/vim/syntax/cmake.vim
-- Installing: /usr/local/share/cmake-3.9/editors/emacs/cmake-mode.el
-- Installing: /usr/local/share/aclocal/cmake.m4
-- Installing: /usr/local/share/cmake-3.9/completions/cmake
-- Installing: /usr/local/share/cmake-3.9/completions/cpack
-- Installing: /usr/local/share/cmake-3.9/completions/ctest
[root@lzumajun cmake-3.9.2]#
```

图 12-43　安装 CMake 结束

(20) 输入 cmake -version 命令，返回内容如图 12-44 所示，说明 CMake 安装完成。

```
cmake - version
```

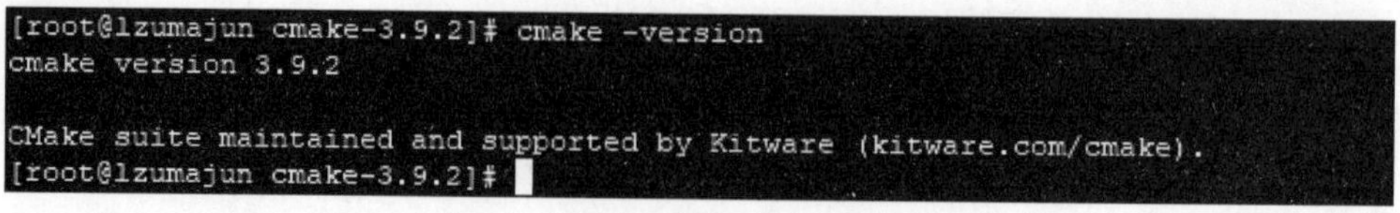

```
[root@lzumajun cmake-3.9.2]# cmake -version
cmake version 3.9.2

CMake suite maintained and supported by Kitware (kitware.com/cmake).
[root@lzumajun cmake-3.9.2]#
```

图 12-44　测试安装成功显示信息

(21) 升级 GCC 编译器版本。具体的编译操作通过 GCC 编译器完成，有关 GCC 编译器的介绍读者参考网站(详见前言二维码)，首先执行以下命令，安装所需依赖包，等待出现如图 12-45 所示回显信息，表示安装完成。

```
yum -y install gcc gcc-c++automake zlib zlib-devel bzip2 bzip2-devel bzip2-libs readline readline-devel bison ncurses ncurses-devel libaio-devel openssl openssl-devel gmp gmp-devel mpfr mpfr-devel libmpc libmpc-devel bison* ncurses* bzip2 wget libtirpc libtirpc-devel ncurses-devel rpcgen
```

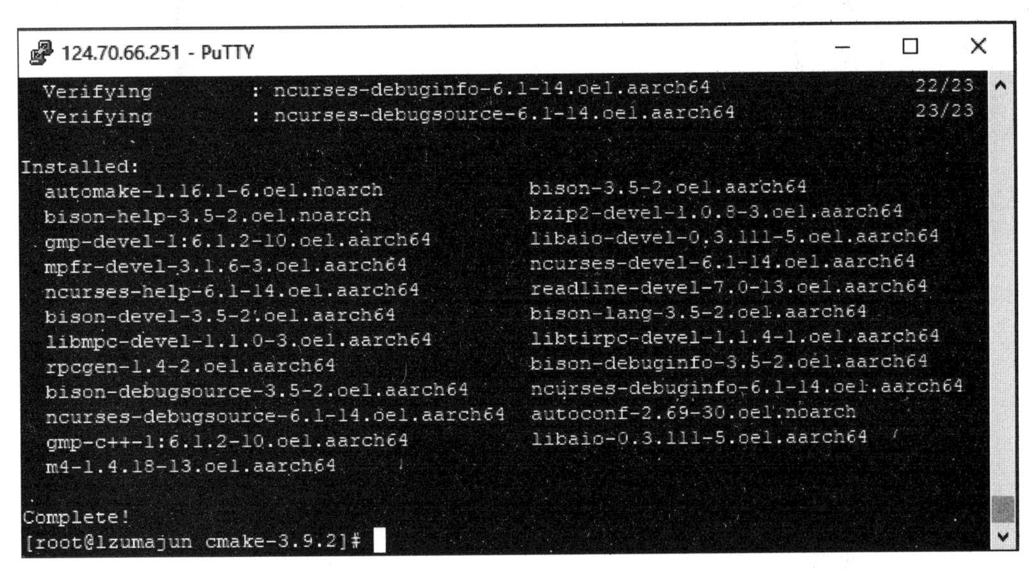

图 12-45　升级 GCC 编译器

(22) 执行以下命令，如图 12-46 所示，检查当前环境中的 GCC 编译器是否符合版本要求。若版本为 5.3 及以上，则表示符合版本要求，本实验 GCC 版本为 7.3.0，符合要求，无须升级，可以直接编译安装 MySQL。

```
gcc -v
```

```
[root@lzumajun cmake-3.9.2]# gcc -v
Using built-in specs.
COLLECT_GCC=gcc
COLLECT_LTO_WRAPPER=/usr/libexec/gcc/aarch64-linux-gnu/7.3.0/lto-wrapper
Target: aarch64-linux-gnu
Configured with: ../configure --prefix=/usr --mandir=/usr/share/man --infodir=/u
sr/share/info --enable-shared --enable-threads=posix --enable-checking=release -
-with-system-zlib --enable-__cxa_atexit --disable-libunwind-exceptions --enable-
gnu-unique-object --enable-linker-build-id --with-linker-hash-style=gnu --enable
-languages=c,c++,objc,obj-c++,fortran,lto --enable-plugin --enable-initfini-arra
y --disable-libgcj --without-isl --without-cloog --enable-gnu-indirect-function
--build=aarch64-linux-gnu --with-stage1-ldflags=' -Wl,-z,relro,-z,now' --with-bo
ot-ldflags=' -Wl,-z,relro,-z,now' --with-multilib-list=lp64
Thread model: posix
gcc version 7.3.0 (GCC)
[root@lzumajun cmake-3.9.2]#
```

图 12-46　检查 GCC 版本

（23）编译安装 MySQL，首先复制 MySQL 文件夹至/home 目录。

```
cp -r /opt/portadv/portadmin/mysql-5.7.29 /home/
```

（24）在解压后的源代码包路径“mysql-5.7.29”下创建 cmake.sh。

```
cd /home/mysql-5.7.29/
vim cmake.sh
```

复制以下代码，按 I 键进入编辑模式，单击鼠标右键，添加代码，如图 12-47 所示，按 Esc 键退出编译模式，按 Shift+：键进入命令行，输入 wq 后，按 Enter 键保存退出。

```
cmake . -DCMAKE_INSTALL_PREFIX=/usr/local/mysql \
-DMYSQL_DATADIR=data/data \
-DSYSCONFDIR=/etc \
-DWITH_INNOBASE_STORAGE_ENGINE=1 \
-DWITH_PARTITION_STORAGE_ENGINE=1 \
-DWITH_FEDERATED_STORAGE_ENGINE=1 \
-DWITH_BLACKHOLE_STORAGE_ENGINE=1 \
-DWITH_MYISAM_STORAGE_ENGINE=1 \
-DENABLED_LOCAL_INFILE=1 \
-DENABLE_DTRACE=0 \
-DDEFAULT_CHARSET=utf8mb4 \
-DDEFAULT_COLLATION=utf8mb4_general_ci \
-DWITH_EMBEDDED_SERVER=1 \
-DDOWNLOAD_BOOST=1 \
-DWITH_BOOST=/home/mysql-5.7.29/boost/boost_1_59_0
```


```
cmake . -DCMAKE_INSTALL_PREFIX=/usr/local/mysql \
-DMYSQL_DATADIR=data/data \
-DSYSCONFDIR=/etc \
-DWITH_INNOBASE_STORAGE_ENGINE=1 \
-DWITH_PARTITION_STORAGE_ENGINE=1 \
-DWITH_FEDERATED_STORAGE_ENGINE=1 \
-DWITH_BLACKHOLE_STORAGE_ENGINE=1 \
-DWITH_MYISAM_STORAGE_ENGINE=1 \
-DENABLED_LOCAL_INFILE=1 \
-DENABLE_DTRACE=0 \
-DDEFAULT_CHARSET=utf8mb4 \
-DDEFAULT_COLLATION=utf8mb4_general_ci \
-DWITH_EMBEDDED_SERVER=1 \
-DDOWNLOAD_BOOST=1 \
-DWITH_BOOST=/home/mysql-5.7.29/boost/boost_1_59_0
```

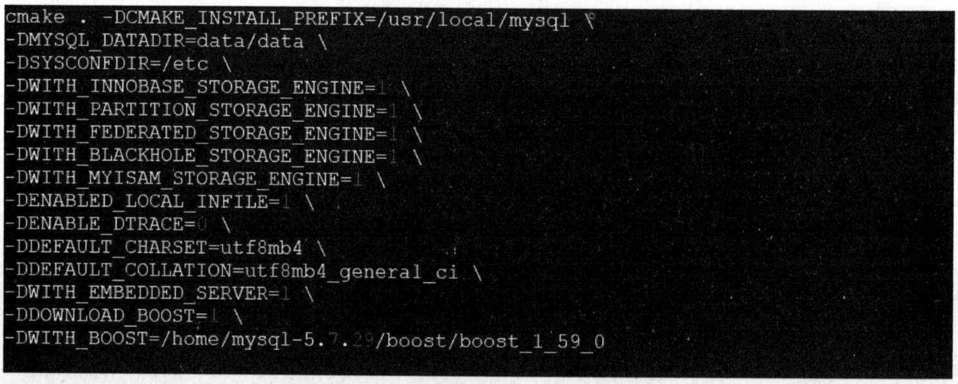

图 12-47 编写编译脚本 cmake.sh

（25）给 cmake.sh 赋予权限并运行，等待运行完成，执行 cmake.sh 脚本的操作如图 12-48 所示。

```
chmod +x cmake.sh
./cmake.sh
```

（26）执行以下命令，复制 prctl.h 文件至 MySQL 的 include 目录。

```
cp /usr/include/sys/prctl.h /home/mysql-5.7.29/include
```

```
-- CMAKE_C_LINK_FLAGS:
-- CMAKE_CXX_LINK_FLAGS:
-- CMAKE_C_FLAGS_RELWITHDEBINFO: -O3 -g -fabi-version=2 -fno-omit-frame-pointer
-fno-strict-aliasing -ffp-contract=off -DDBUG_OFF
-- CMAKE_CXX_FLAGS_RELWITHDEBINFO: -O3 -g -fabi-version=2 -fno-omit-frame-pointe
r -fno-strict-aliasing -std=gnu++03 -ffp-contract=off -DDBUG_OFF
-- Configuring done
-- Generating done
-- Build files have been written to: /home/mysql-5.7.29
```

图 12-48　执行 cmake.sh 脚本

(27) 执行以下命令，在第 25 行增加图 12-49 所示标注的内容：#include "prctl.h"，按 Esc 键，按 Shift+：组合键进入命令行，输入 wq 后退出。

```
vim /home/mysql-5.7.29/sql/mysqld.cc
```

```
   This program is distributed in the hope that it will be useful,
   but WITHOUT ANY WARRANTY; without even the implied warranty of
   MERCHANTABILITY or FITNESS FOR A PARTICULAR PURPOSE.  See the
   GNU General Public License, version 2.0, for more details.

   You should have received a copy of the GNU General Public License
   along with this program; if not, write to the Free Software
   Foundation, Inc., 51 Franklin St, Fifth Floor, Boston, MA 02110-1301  USA */

#include "mysqld.h"
#include "mysqld_daemon.h"
#include "prctl.h"
#include <vector>
#include <algorithm>
#include <functional>
#include <list>
#include <set>
#include <string>
                                                        25,18          0%
```

图 12-49　修改 mysqld.cc 内容

(28) 在 MySQL 源代码路径下运行，等待编译完成，显示信息如图 12-50 所示。

```
make
```

```
124.70.66.251 - PuTTY
__/__/client/mysqltest.cc.o
[100%] Linking CXX executable mysqltest_embedded
[100%] Built target mysqltest_embedded
Scanning dependencies of target mysql_embedded
[100%] Building CXX object libmysqld/examples/CMakeFiles/mysql_embedded.dir/__/_
_/client/completion_hash.cc.o
[100%] Building CXX object libmysqld/examples/CMakeFiles/mysql_embedded.dir/__/_
_/client/mysql.cc.o
[100%] Building CXX object libmysqld/examples/CMakeFiles/mysql_embedded.dir/__/_
_/client/readline.cc.o
[100%] Linking CXX executable mysql_embedded
[100%] Built target mysql_embedded
Scanning dependencies of target mysql_client_test_embedded
[100%] Building C object libmysqld/examples/CMakeFiles/mysql_client_test_embedde
d.dir/__/__/testclients/mysql_client_test.c.o
[100%] Linking CXX executable mysql_client_test_embedded
[100%] Built target mysql_client_test_embedded
[100%] Built target my_safe_process
[root@lzumajun mysql-5.7.29]#
```

图 12-50　编译 MySQL

(29) 执行以下代码，等待安装过程结束，回显信息如图 12-51 所示。

```
make install
```

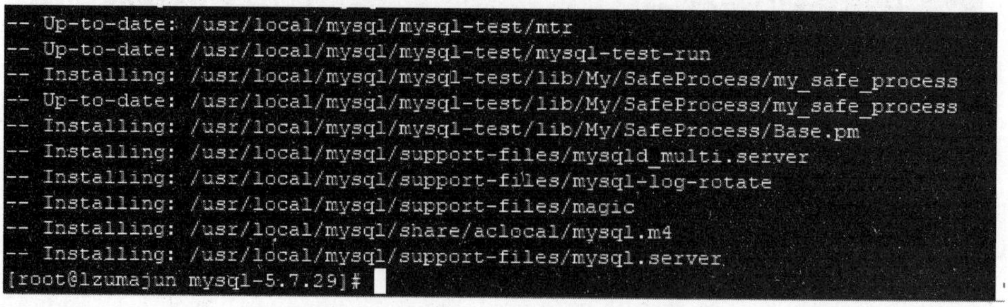

```
-- Up-to-date: /usr/local/mysql/mysql-test/mtr
-- Up-to-date: /usr/local/mysql/mysql-test/mysql-test-run
-- Installing: /usr/local/mysql/mysql-test/lib/My/SafeProcess/my_safe_process
-- Up-to-date: /usr/local/mysql/mysql-test/lib/My/SafeProcess/my_safe_process
-- Installing: /usr/local/mysql/mysql-test/lib/My/SafeProcess/Base.pm
-- Installing: /usr/local/mysql/support-files/mysqld_multi.server
-- Installing: /usr/local/mysql/support-files/mysql-log-rotate
-- Installing: /usr/local/mysql/support-files/magic
-- Installing: /usr/local/mysql/share/aclocal/mysql.m4
-- Installing: /usr/local/mysql/support-files/mysql.server
[root@lzumajun mysql-5.7.29]#
```

图 12-51　安装 MySQL

(30) 配置 MySQL，创建 mysql 用户及用户组。

```
groupadd mysql
useradd -g mysql mysql
```

(31) 进入安装路径，创建 data、log、run 文件夹，修改"/usr/local/mysql"权限。

```
cd /usr/local/mysql
mkdir -p data/log data/data data/run
chown -R mysql:mysql /usr/local/mysql
```

(32) 执行初始化配置脚本，生成初始的数据库和表。需要指出的是，执行下述命令后，会产生初始随机密码(下画线部分)，需要记录，回显信息如图 12-52 所示。

```
bin/mysqld --initialize --basedir=/usr/local/mysql --datadir=/usr/local/mysql/data/data --user=mysql
```

```
124.70.66.251 - PuTTY
[root@lzumajun mysql-5.7.29]# groupadd mysql
[root@lzumajun mysql-5.7.29]# useradd -g mysql mysql
[root@lzumajun mysql-5.7.29]# cd /usr/local/mysql
[root@lzumajun mysql]# mkdir -p data/log data/data data/run
[root@lzumajun mysql]# chown -R mysql:mysql /usr/local/mysql
[root@lzumajun mysql]# bin//mysqld --initialize --basedir=/usr/local/mysql --dat
adir=/usr/local/mysql/data/data --user=mysql
2021-04-12T12:09:33.601607Z 0 [Warning] TIMESTAMP with implicit DEFAULT value is
 deprecated. Please use --explicit_defaults_for_timestamp server option (see doc
umentation for more details).
2021-04-12T12:09:33.846507Z 0 [Warning] InnoDB: New log files created, LSN=45790
2021-04-12T12:09:33.922428Z 0 [Warning] InnoDB: Creating foreign key constraint
system tables.
2021-04-12T12:09:33.995449Z 0 [Warning] No existing UUID has been found, so we a
ssume that this is the first time that this server has been started. Generating
a new UUID: f186a0e0-9b87-11eb-80a1-fa163e6eb57e.
2021-04-12T12:09:34.000525Z 0 [Warning] Gtid table is not ready to be used. Tabl
e 'mysql.gtid_executed' cannot be opened.
2021-04-12T12:09:34.328334Z 0 [Warning] CA certificate ca.pem is self signed.
2021-04-12T12:09:34.409840Z 1 [Note] A temporary password is generated for root@
localhost: t6s0I=R1&BzV
[root@lzumajun mysql]#
```

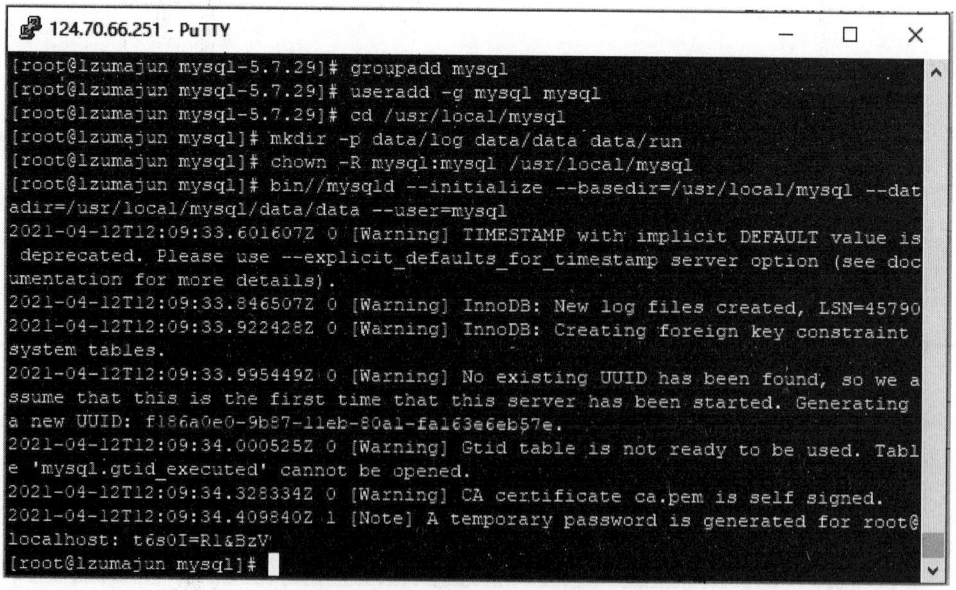

图 12-52　执行初始化配置脚本

(33) 创建 mysql.log 和 mysql.pid 文件,赋予 mysql 用户及用户组权限。其中,创建的 mysql.log 和 mysql.pid 文件是空文件。

```
cd /usr/local/mysql/data/log/
touch mysql.log
cd /usr/local/mysql/data/run/
touch mysql.pid
chown -R mysql:mysql /usr/local/mysql/data/
```

(34) 通过 vim 命令新建并打开名为 my.cnf 的文件。

```
vim /etc/my.cnf
```

(35) 参考之前的 vim 操作,在文件中添加以下代码,保存后退出,如图 12-53 所示。

```
[client]
port = 3306
socket = /usr/local/mysql/data/data/mysql.sock
default-character-set = utf8mb4

[mysql]
default-character-set = utf8mb4

[mysqld]
datadir = /usr/local/mysql/data/data
socket = /usr/local/mysql/data/data/mysql.sock
symbolic-links = 0
character-set-client-handshake = FALSE

character-set-server = utf8mb4
collation-server = utf8mb4_unicode_ci
init_connect = 'SET NAMES utf8mb4'

[mysqld_safe]
log-error = /usr/local/mysql/data/log/mysql.log
pid-file = /usr/local/mysql/data/run/mysql.pid
!includedir /etc/my.cnf.d
```

(36) 运行 MySQL,启动 MySQL 服务,回显信息如图 12-54 所示。

```
cp /usr/local/mysql/support-files/mysql.server /etc/init.d/mysql
chmod +x /etc/init.d/mysql
chkconfig mysql on
service mysql start
```

(37) 将 path=/usr/local/mysql/bin:$path 添加进环境变量,如图 12-55 所示,并使之生效。

```
vim ~/.bash_profile
```

(38) 使环境变量生效。

```
source ~/.bash_profile
```

```
124.70.66.251 - PuTTY
port=3306
socket=/usr/local/mysql/data/data/mysql.sock
default-character-set = utf8mb4

[mysql]
default-character-set = utf8mb4

[mysqld]
datadir=/usr/local/mysql/data/data
socket=/usr/local/mysql/data/data/mysql.sock
symbolic-links=0
character-set-client-handshake = FALSE
character-set-server = utf8mb4
collation-server = utf8mb4_unicode_ci
init_connect='SET NAMES utf8mb4'

[mysqld_safe]
log-error=/usr/local/mysql/data/log/mysql.log
pid-file=/usr/local/mysql/data/run/mysql.pid

!includedir /etc/my.cnf.d
"/etc/my.cnf" 22L, 522C                                    22,25         Bot
```

图 12-53　配置 MySQL

```
[root@lzumajun mysql]# cd /usr/local/mysql/data/log/
[root@lzumajun log]# touch mysql.log
[root@lzumajun log]# cd /usr/local/mysql/data/run/
[root@lzumajun run]# touch mysql.pid
[root@lzumajun run]# chown -R mysql:mysql /usr/local/mysql/data/
[root@lzumajun run]# vim /etc/my.cnf
[root@lzumajun run]# vim /etc/my.cnf
[root@lzumajun run]# cp /usr/local/mysql/support-files/mysql.server /etc/init.d/
mysql
[root@lzumajun run]# chmod +x /etc/init.d/mysql
[root@lzumajun run]# chkconfig mysql on
[root@lzumajun run]# service mysql start
Starting MySQL. SUCCESS!
[root@lzumajun run]#
```

图 12-54　启动 MySQL 服务

```
# .bash_profile

# Get the aliases and functions
if [ -f ~/.bashrc ]; then
        . ~/.bashrc
fi

# User specific environment and startup programs

PATH=$PATH:$HOME/bin
PATH=/usr/local/mysql/bin:$PATH
export PATH
~
~
```

图 12-55　配置 path 变量

(39) 建立套接字软链接，登录 MySQL 数据库，如图 12-56 所示，此处需要输入的密码为图 12-52 中配置 MySQL 时产生的初始密码，请留意初始密码包含了特殊字符。

```
ln -s /data/data/mysql.sock /tmp/mysql.sock
mysql -uroot -p
```

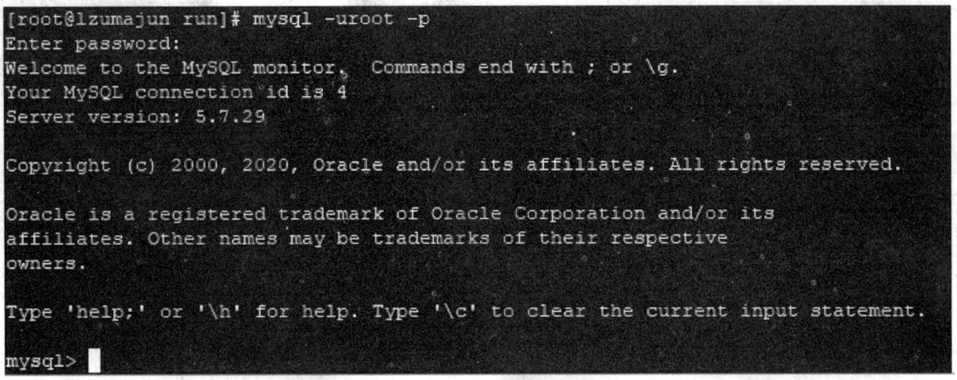

```
[root@lzumajun run]# mysql -uroot -p
Enter password:
Welcome to the MySQL monitor.  Commands end with ; or \g.
Your MySQL connection id is 4
Server version: 5.7.29

Copyright (c) 2000, 2020, Oracle and/or its affiliates. All rights reserved.

Oracle is a registered trademark of Oracle Corporation and/or its
affiliates. Other names may be trademarks of their respective
owners.

Type 'help;' or '\h' for help. Type '\c' to clear the current input statement.

mysql>
```

图 12-56 用初始密码登录 MySQL

(40) 修改密码。下述命令中的 mypassword 需要根据实际修改成要配置的密码。

```
SET PASSWORD = PASSWORD('mypassword');
UPDATE mysql.user SET authentication_string = PASSWORD('mypassword') WHERE User = 'mysql';
GRANT ALL PRIVILEGES ON *.* TO mysql@localhost IDENTIFIED BY 'mypassword' WITH GRANT OPTION;

GRANT ALL PRIVILEGES ON *.* TO mysql@"%" IDENTIFIED BY 'mypassword' WITH GRANT OPTION;
GRANT ALL PRIVILEGES ON *.* TO root@localhost IDENTIFIED BY 'mypassword' WITH GRANT OPTION;
GRANT ALL PRIVILEGES ON *.* TO root@"%" IDENTIFIED BY 'mypassword' WITH GRANT OPTION;
flush privileges;
```

(41) 使用新的密码重新登录。命令中的 mypassword 需要根据实际修改成要配置的密码，如图 12-57 所示。

```
exit
mysql -uroot -pmypassword
```

```
[root@lzumajun run]# mysql -uroot -pmypassword
mysql: [Warning] Using a password on the command line interface can be insecure.
Welcome to the MySQL monitor.  Commands end with ; or \g.
Your MySQL connection id is 5
Server version: 5.7.29 Source distribution

Copyright (c) 2000, 2020, Oracle and/or its affiliates. All rights reserved.

Oracle is a registered trademark of Oracle Corporation and/or its
affiliates. Other names may be trademarks of their respective
owners.

Type 'help;' or '\h' for help. Type '\c' to clear the current input statement.

mysql>
```

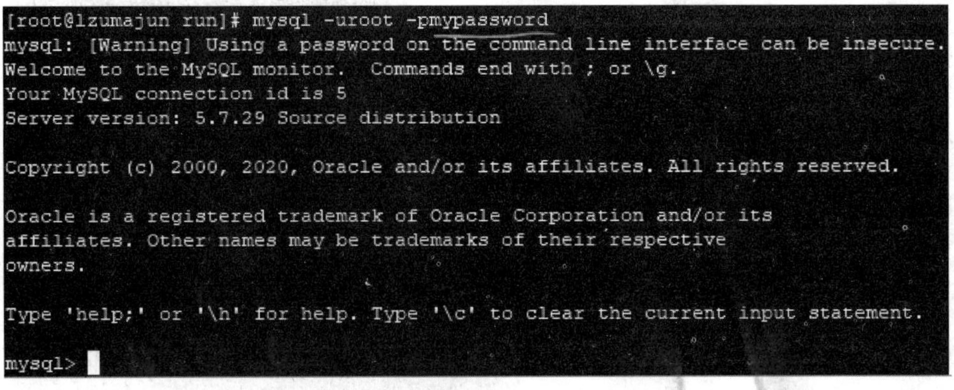

图 12-57 用新密码登录 MySQL

（42）用命令创建数据库和普通用户，如图 12-58 所示。

```
create database student;
create database lzu2021students;
create user 'lzuuser'@'%' identified by 'lzu1909';
grant all on student.* to 'lzuuser'@'%';
grant all on lzu2021students.* to 'lzuuser'@'%';
```

```
mysql> create database student;
Query OK, 1 row affected (0.00 sec)

mysql> create database lzu2021students;
Query OK, 1 row affected (0.00 sec)

mysql> create user 'lzuuser'@'%' identified by 'lzu1909';
Query OK, 0 rows affected (0.00 sec)

mysql> grant all on student.* to 'lzuuser'@'%';
Query OK, 0 rows affected (0.00 sec)

mysql> grant all on lzu2021students.* to 'lzuuser'@'%';
Query OK, 0 rows affected (0.00 sec)
```

图 12-58 创建数据库和用户

2）测试在华为鲲鹏云服务器上安装的 MySQL 实例

用 12.3.1 节导入 Excel 表格的 Java 程序来测试刚安装好的 MySQL 实例，修改程序中连接 URL 的 IP 地址，修改为弹性云服务器 lzumajun 的公网 IP 地址：124.70.66.251，并且修改连接用户和密码，代码片段如下，然后保存编译运行，查看运行结果，如图 12-59 所示，然后通过 PuTTY 的 MySQL 客户端查看数据库变化，如图 12-60 所示。

```
public static Connection getConnection ( ) throws SQLException, java.lang.ClassNotFoundException {
    String url = "jdbc:mysql://124.70.66.251:3306/lzu2021students?characterEncoding = utf8";             // 连接 MySQL 中的数据库
    Class.forName("com.mysql.jdbc.Driver");
    String userName = "lzuuser";            // 登录用户名
    String password = "lzu1909";            // 密码
    Connection con = DriverManager.getConnection(url, userName, password);
    return con;
}
```

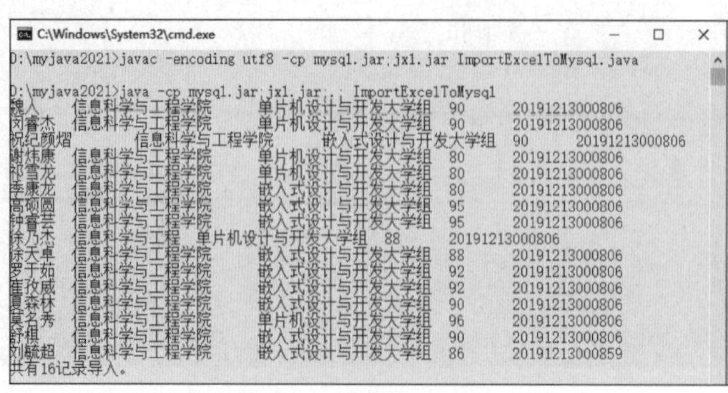

图 12-59 本地执行程序结果

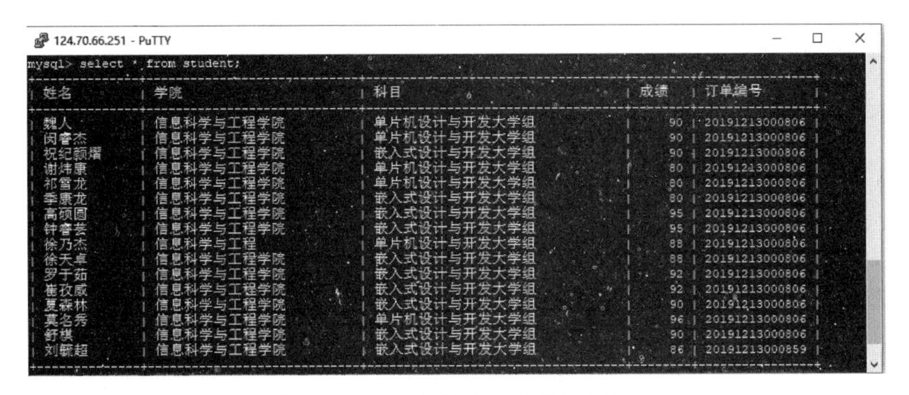

姓名	学院	科目	成绩	订单编号
魏人	信息科学与工程学院	单片机设计与开发大学组	90	20191213000806
闵睿杰	信息科学与工程学院	单片机设计与开发大学组	90	20191213000806
祝纪颜熠	信息科学与工程学院	嵌入式设计与开发大学组	90	20191213000806
谢炜康	信息科学与工程学院	单片机设计与开发大学组	80	20191213000806
祁雪龙	信息科学与工程学院	单片机设计与开发大学组	80	20191213000806
季康龙	信息科学与工程学院	嵌入式设计与开发大学组	80	20191213000806
高硕圆	信息科学与工程学院	嵌入式设计与开发大学组	95	20191213000806
钟睿芸	信息科学与工程学院	嵌入式设计与开发大学组	95	20191213000806
徐乃杰	信息科学与工程	单片机设计与开发大学组	88	20191213000806
徐天卓	信息科学与工程学院	嵌入式设计与开发大学组	88	20191213000806
罗于茹	信息科学与工程学院	嵌入式设计与开发大学组	92	20191213000806
崔孜威	信息科学与工程学院	嵌入式设计与开发大学组	92	20191213000806
夏森林	信息科学与工程学院	嵌入式设计与开发大学组	90	20191213000806
莫名秀	信息科学与工程学院	单片机设计与开发大学组	96	20191213000806
舒棋	信息科学与工程学院	嵌入式设计与开发大学组	90	20191213000806
刘毓超	信息科学与工程学院	嵌入式设计与开发大学组	86	20191213000859

图 12-60　在服务器上查看数据库信息

到此为止，在自己购买的华为鲲鹏云服务器上安装好了 MySQL 实例，并且通过了测试。

12.3.2　填空实验

在 JDBC 中可以通过 rs.getMetaData()方法获取表的结构信息，此结构信息会封装到 ResultSetMetaData 类的实例对象中，以下程序用来显示表结构和记录信息，填空使程序完整，使用前面准备好的数据库作为实验资源。

```
//DispStruct.java
import java.io.*;
import ____________________;                      //导入需要的包
public class DispStruct {
    static String colLabel[];
    static int colCount;
    public static void showStruct(ResultSet rs) throws Exception{
        ResultSetMetaData md = rs.getMetaData();
        colCount = md.getColumnCount();
        colLabel = new String[colCount + 1];
        System.out.println("==============================================");
        for (int i = 1; i <= colCount; i++) {
            colLabel[i] = md.getColumnLabel(i);
            System.out.print("" + colLabel[i] + "\t");
        }
        System.out.println("\n==============================================");
    }

    public static void showData(ResultSet rs) throws Exception{
        if (rs != null){
            while (rs.next()){                    // 遍历记录集
                System.out.print("" + rs.getString(colLabel[1]));
                System.out.print("\t" + rs.getString(colLabel[2]));
                System.out.print("\t" + rs.getString(colLabel[3]));
                System.out.print("\t" + rs.getInt(colLabel[4]));
                System.out.println("\t" + rs.getString(colLabel[5]));
            }
        }
        System.out.println("==============================================");
    }
```

```
    public static void main(String args[]) {
        try{
                String url = " jdbc: mysql://124. 70. 66. 251: 3306/lzu2021students?
characterEncoding = utf8";
            String userName = "lzuuser";          // 登录用户名
            String password = "lzu1909";          // 密码
            Class.forName(___________________);   // 加载 JdbcOdbcDriver 驱动
            Connection con = DriverManager.getConnection(___________________);
            Statement stmt = con.createStatement(); // 创建语句对象
            boolean status = stmt.execute("select * from student");
            ResultSet rs = ___________________;   //通过 stmt 获得记录集
            showStruct(rs);
            showData(rs);
            stmt.close();
            _______________;                      // 关闭连接
        } catch (SQLException e) {
            System.out.println(e.getSQLState());
        } catch (IOException e2) {
            System.out.println(e2.getMessage());
        } catch (ClassNotFoundException e) {
            // TODO Auto - generated catch block
            e.printStackTrace();
        }
    }
}
```

12.3.3 设计实验

编写一个应用程序，连接远程鲲鹏云服务器中的 MySQL 数据库系统，用来显示 student 中的数据内容。请利用标签、文本框、按钮等标准组件，设计出可独立运行的应用程序，标题为："[学号] [姓名]的数据库程序"，学号、姓名用自己的真实学号及姓名，程序的功能可实现按学号查询和上一条、下一条查询记录，程序运行示意图如图 12-61 所示。

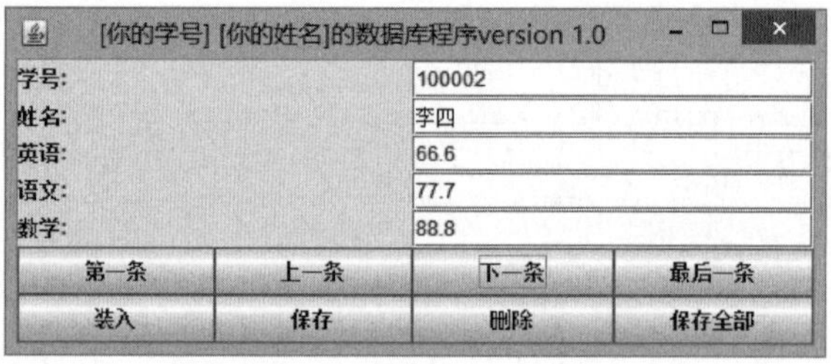

图 12-61　程序运行示意图

提示：制作这种应用程序，应使用学过的各种数据集合类，如 ArrayList、Vector 等，首先准备好存储数据库记录的数据集合对象，例如创建一个 ArrayList 对象，然后连接数据库，查询并取到需要的数据记录，通过循环将各记录的引用存储到 ArrayList 对象中；后面的操作就比较简单了，通过编写事件处理方法，仅仅在 ArrayList 对象中浏览和修改数据，这个比较容易实现；保存数据时，还是通过循环，将 ArrayList 中存储的数据记录的数据再写回数据库就可以了。

学生类 Student 的抽象建议使用如下代码：

```
import java.io.Serializable;
public class Student implements Serializable {
  private String id;
  private String name;
  private float english;
  private float chinese;
  private float math;
  public Student(){}
  public Student(String i,String n,float e,float c,float m){
    id = i;name = n;english = e;chinese = c;math = m;
  }
  public String getId(){return id;}
  public void setId(String d){id = d;}
  public String getName(){return name;}
  public void setName(String n){name = n;}
  public float getEnglish(){return english;}
  public void setEnglish(float e){english = e;}
  public float getChinese(){return chinese;}
  public void setChinese(float c){chinese = c;}
  public float getMath(){return math;}
  public void setMath(float m){math = m;}
}
```

第13章 国家商用密码算法Java实验

13.1 实验目的

- 掌握国家商用密码算法 SM4 的使用方法。
- 掌握国家商用密码算法 SM3 的使用方法。
- 掌握国家商用密码算法 SM2 的使用方法。

13.2 相关知识

保证信息安全最根本的方法是通信系统的基础软件和基础硬件都由自己控制，但在目前我国短期内无法实现软硬件都国产化的情况下，采用数据加密是最好的方式。如果加密算法以及硬件实现都是外国提供的，信息安全也就无从谈起。国家商用密码算法是我国自主研发、具有自主知识产权的一系列密码算法，具有较高安全性，由国家密码局公开并大力推广。我国公开的国家商用密码算法包括 SM1、SM2、SM3、SM4、SM7、SM9 及祖冲之算法，其中 SM2、SM3、SM4 最为常用，用于对应替代 RSA、DES、3DES、AES、SHA 等国际通用密码算法体系，目前 SM2、SM3、SM4、SM9 密码算法已正式成为 ISO/IEC 国际标准，SM2、SM3、SM4 算法已应用于我国的金融、交通、身份证等安全管理中。

本实验完成国家商用密码算法 SM2、SM3、SM4 的 Java 实现，学习这些国家商用密码算法的使用方法，为读者今后从事 Java 涉密项目开发工作做些铺垫。

这些商用密码算法的设计需要调用 java. security 包及其子包 javax. crypto，还需要调用 Bouncy Castle 的轻量级密码包。java. security 为 Java 的安全框架提供类和接口，javax. crypto 包的 cipher 类为加密和解密提供密码功能，Bouncy Castle 的密码包支持大量密码算法，提供了 JCE 1. 2. 1 的实现，从 J2SE 1. 4 到 J2ME(包括 MIDP)平台都可以运行。可以到 Bouncy Castle 的官网站点下载 JCE Provider 包 bcprov-jdk15to18-168. jar 和 bcprov-ext-jdk15-168. jar，把这些 jar 文件复制到 $JAVA_HOME$\jre\lib\ext、$JAVA_HOME$\lib\ext 目录下面，修改配置文件\jre\lib\security\java. security，在 security 文件中找到以下文本内容：

```
security.provider.1 = sun.security.provider.Sun
security.provider.2 = sun.security.rsa.SunRsaSign
security.provider.3 = sun.security.ec.SunEC
```

```
security.provider.4 = com.sun.net.ssl.internal.ssl.Provider
security.provider.5 = com.sun.crypto.provider.SunJCE
security.provider.6 = sun.security.jgss.SunProvider
security.provider.7 = com.sun.security.sasl.Provider
security.provider.8 = org.jcp.xml.dsig.internal.dom.XMLDSigRI
security.provider.9 = sun.security.smartcardio.SunPCSC
security.provider.10 = sun.security.mscapi.SunMSCAPI
security.provider.11 = org.bouncycastle.jce.provider.BouncyCastleProvider
```

按照对应的格式，增加一行 security. provider. X 即可，X 可以是后继数字。

13.3 实验内容

视频讲解

13.3.1 SM4 算法实验

1. SM4 算法介绍

SM4 算法是无线局域网标准的分组数据算法，属于对称密码算法。对称密码算法是一种用相同的密钥进行加密和解密的技术，用于确保消息的机密性，对称密码加密速度快，常用于数据量大的信息加密。常用的国际标准对称密码算法有 DES、3DES、AES、IDEA 等，目前 DES 算法已破解，但该算法仍具有学习价值。SM4 国家商用密码算法采用非平衡的 Feistel 模型，是用于无线局域网和可信计算系统的专用分组密码算法，也可以用于其他环境下的数据加密保护，该算法的分组长度为 128 比特，密钥长度为 128 比特。图 13-1 所示为对称密码算法的加解密过程。

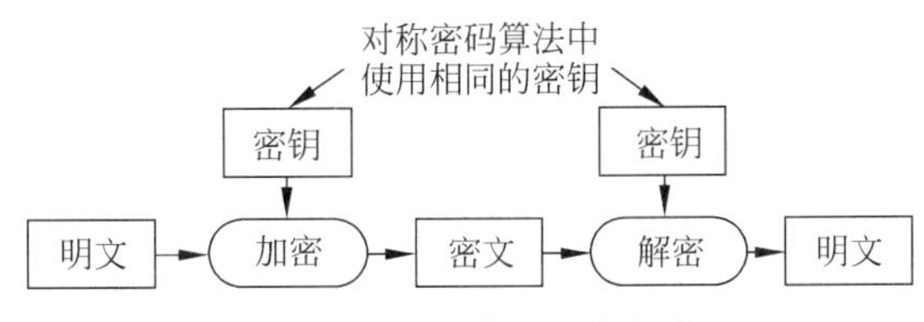

图 13-1 对称密码算法的加解密过程

为方便理解国家商用密码算法程序，下面简要解释一下密码学的若干专业术语。

明文：明文就是要设置加密的原始数据信息。

密钥：密钥是用来对明文进行加密和解密用的数据。

密文：密文是对明文加密之后形成的数据。

加密算法：将明文转化为密文的算法。

解密算法：将密文转换为明文的算法。

密钥长度：密钥用二进制数表示的位数。

对称密钥：加密和解密使用的是同一个密钥。

非对称密钥：加密和解密使用的是不同的密钥。

分组密码：分组密码就是将明文数据按固定长度进行分组，然后在同一密钥控制下逐组进行加密，从而将各个明文分组变换成一个等长的密文分组的数据。对分组密码进行迭代，而分组密码的迭代方法就称为分组密码的"模式"。其中二进制明文分组的长度称为该分组密码的分组规模。分组密码的主要模式有ECB模式、CBC模式、CFB模式、OFB模式、CTR模式等。

将明文按照分组规模分组，很大几率会出现最后一个分组位数不够的情况，需要进行填充，常用的填充模式有ZeroPadding、PKCS7Padding、PKCS5Padding三种。

2. SM4算法程序实例分析

下列程序演示了SM4算法的多种模式对字符串的加解密功能，运行结果如图13-2所示。分析程序，编译运行后回答问题。

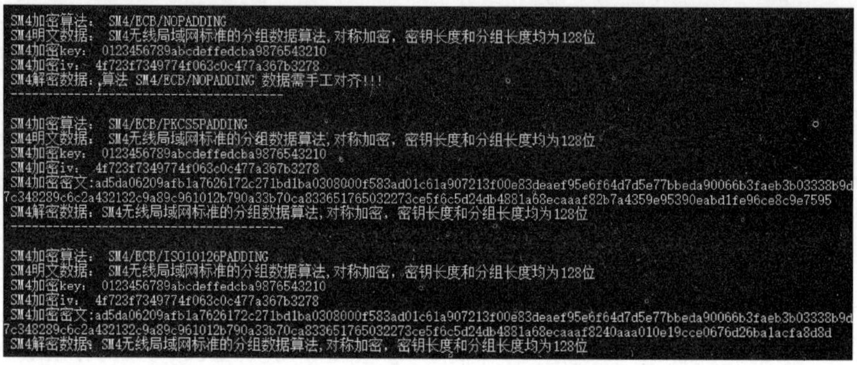

```
SM4加密算法： SM4/ECB/NOPADDING
SM4明文数据： SM4无线局域网标准的分组数据算法,对称加密，密钥长度和分组长度均为128位
SM4加密key： 0123456789abcdeffedcba9876543210
SM4加密iv： 4f723f7349774f063c0c477a367b3278
SM4解密数据：算法 SM4/ECB/NOPADDING 数据需手工对齐!!!
----------------------------------------

SM4加密算法： SM4/ECB/PKCS5PADDING
SM4明文数据： SM4无线局域网标准的分组数据算法,对称加密，密钥长度和分组长度均为128位
SM4加密key： 0123456789abcdeffedcba9876543210
SM4加密iv： 4f723f7349774f063c0c477a367b3278
SM4加密密文:ad5da06209afb1a7626172c271bd1ba0308000f583ad01c61a907213f00e83deaef95e6f64d7d5e77bbeda90066b3faeb3b03338b9d
7c348289c6c2a432132c9a89c961012b790a33b70ca833651765032273ce5f6c5d24db4881a68ecaaaf82b7a4359e95390eabd1fe96ce8c9e7595
SM4解密数据：SM4无线局域网标准的分组数据算法,对称加密，密钥长度和分组长度均为128位
----------------------------------------

SM4加密算法： SM4/ECB/ISO10126PADDING
SM4明文数据： SM4无线局域网标准的分组数据算法,对称加密，密钥长度和分组长度均为128位
SM4加密key： 0123456789abcdeffedcba9876543210
SM4加密iv： 4f723f7349774f063c0c477a367b3278
SM4加密密文:ad5da06209afb1a7626172c271bd1ba0308000f583ad01c61a907213f00e83deaef95e6f64d7d5e77bbeda90066b3faeb3b03338b9d
7c348289c6c2a432132c9a89c961012b790a33b70ca833651765032273ce5f6c5d24db4881a68ecaaaf8240aaa010e19cce0676d26ba1acfa8d8d
SM4解密数据：SM4无线局域网标准的分组数据算法,对称加密，密钥长度和分组长度均为128位
```

图13-2　SM4算法对一个字符串的加解密计算

```java
//BcSm4UtilTest.java
import javax.crypto.Cipher;
import javax.crypto.spec.IvParameterSpec;
import javax.crypto.spec.SecretKeySpec;
import javax.crypto.KeyGenerator;
import java.security.SecureRandom;
import java.security.Security;
import org.bouncycastle.util.encoders.Hex;
import org.bouncycastle.jce.provider.BouncyCastleProvider;
import java.security.*;
import javax.crypto.IllegalBlockSizeException;
import java.util.Arrays;
import java.util.*;

class BcSm4Util {
   public static final String ALGORITHM_NAME = "SM4";
   public static final String DEFAULT_KEY = "random_seed";
   // 128～32位十六进制; 256～64位十六进制
   public static final int DEFAULT_KEY_SIZE = 128;
   static {//加载BouncyCastleProvider(简称BC)驱动
          if (Security.getProvider(BouncyCastleProvider.PROVIDER_NAME) == null)
              Security.addProvider(new BouncyCastleProvider());
   }
                                                               //生成默认密钥
 public static byte[] generateKey() throws NoSuchAlgorithmException, NoSuchProviderException {
       return generateKey(DEFAULT_KEY, DEFAULT_KEY_SIZE);
}
   //用种子seed生成密钥
    public static byte[] generateKey(String seed) throws NoSuchAlgorithmException,
```

```
NoSuchProviderException {
        return generateKey(seed, DEFAULT_KEY_SIZE);
    }
    //用种子 seed 生成指定长度 keySize 的密钥
    public static byte[ ] generateKey(String seed, int keySize) throws NoSuchAlgorithmException,
NoSuchProviderException {
        //返回由 BC 生成的指定算法的密钥对象
        KeyGenerator kg = KeyGenerator.getInstance(ALGORITHM_NAME, BouncyCastleProvider.
PROVIDER_NAME);
        SecureRandom random = SecureRandom.getInstance("SHA1PRNG");
                                                        //SecureRandom 生成伪随机数对象
        if (null != seed && !"".equals(seed)) {
            random.setSeed(seed.getBytes());            //设置密钥种子
        }

        kg.init(keySize, random);    //用密钥种子随机数初始化生成 keySize 位密钥
        return kg.generateKey().getEncoded();           //返回密钥
    }

    /*
     * SM4 加密方法,调用 SM4core 的加解密算法
     * @param algorithmName 使用的算法/模式/dPadding 模式,如 SM4/ECB/NoPadding
     * @param key 密钥
     * @param iv 初始向量(ECB 模式下载 NULL,CBC 模式时作为偏移量)
     * @param data 明文数据
     * @return 返回加密后的密文数据
     * @throws Exception
     */
    public static byte[] encrypt(String algorithmName, byte[ ] key, byte[ ] iv, byte[ ] data)
throws Exception {
        return sm4core(algorithmName,Cipher.ENCRYPT_MODE, key, iv, data);
    }
    /*
     * SM4 解密方法,调用 SM4core 的加解密方法
     * @param algorithmName 使用的算法/模式/dPadding 模式,如 SM4/ECB/NoPadding
     * @param key 密钥
     * @param iv 初始向量(ECB 模式下载 NULL,CBC 模式时作为偏移量)
     * @param data 密文数据
     * @return 返回解密后的明文数据
     * @throws Exception
     */
    public static byte[] decrypt(String algorithmName, byte[ ] key, byte[ ] iv, byte[ ] data)
throws Exception {
        return sm4core(algorithmName, Cipher.DECRYPT_MODE, key, iv, data);
    }
    /*
     * SM4 加解密方法
     * @param data 加解密数据
     * @param key 密钥
     * @param algorithmName 使用的算法/模式/dPadding 模式,如 SM4/ECB/NoPadding
     * @param iv 初始向量(ECB 模式下载 NULL,CBC 模式时作为偏移量)
     * @param mode 加密或解密模式,Cipher.ENCRYPT_MODE,Cipher.DECRYPT_MODE 分别为加密、解密
模式
     * @return 加密模式时返回密文,解密模式时返回明文
```

```
     * @throws Exception
     */
    private static byte[] sm4core(String algorithmName, int mode, byte[] key, byte[] iv, byte[]
data) throws Exception {
        //生成指定算法模式的 Cipher 对象,Cipher 完成加解密工作
        Cipher cipher = Cipher.getInstance(algorithmName, BouncyCastleProvider.PROVIDER_NAME);
        Key sm4Key = new SecretKeySpec(key, ALGORITHM_NAME);
        //cipher.init 初始化 cipher 对象,根据 mode 方式确定加密或解密操作
        if (algorithmName.contains("/ECB/")) {//ECB 模式时不需要 iv 初始向量
            cipher.init(mode, sm4Key);
        } else {//用算法参数 mode、密钥 sm4Key 和随机数据源 ivParameterSpec 初始化
            IvParameterSpec ivParameterSpec = new IvParameterSpec(iv);
            cipher.init(mode, sm4Key, ivParameterSpec);
        }
        //对数据 data 加密或解密(mode 为 Cipher.ENCRYPT_MODE 时加密,为 Cipher.DECRYPT_MODE 时
        //解密)。
        return cipher.doFinal(data);
    }
}

public class BcSm4UtilTest {

    public static void main(String[] args) throws NoSuchProviderException, NoSuchAlgorithmException {
        String text = "SM4 无线局域网标准的分组数据算法,对称加密,密钥长度和分组长度均为
128 位";
        //String text = "0123456789ABCDEFFEDCBA9876543210";    //十六进制字符串
        //String text = "中 23456789ABCDEF0123456789ABCDEF";
        String keyHex = "0123456789ABCDEFFEDCBA9876543210";
        //byte[] key = BcSm4Util.generateKey();
        byte[] key = Hex.decode(keyHex);
        String ivHex = "4F723F7349774F063C0C477A367B3278";
        byte[] iv = null;

        List<String> algorithm = new ArrayList<>();
        /*
        algorithm.add(("SM4/CBC/NOPADDING"));
        algorithm.add(("SM4/CBC/PKCS5PADDING"));
        algorithm.add(("SM4/CBC/ISO10126PADDING"));
        algorithm.add(("SM4/PCBC/NOPADDING"));
        algorithm.add(("SM4/PCBC/PKCS5PADDING"));
        algorithm.add(("SM4/PCBC/ISO10126PADDING"));
        algorithm.add(("SM4/CTR/NOPADDING"));
        algorithm.add(("SM4/CTR/PKCS5PADDING"));
        algorithm.add(("SM4/CTR/ISO10126PADDING"));
        algorithm.add(("SM4/CTS/NOPADDING"));
        algorithm.add(("SM4/CTS/PKCS5PADDING"));
        algorithm.add(("SM4/CTS/ISO10126PADDING"));
        */
        algorithm.add(("SM4/ECB/NOPADDING"));
        algorithm.add(("SM4/ECB/PKCS5PADDING"));
        algorithm.add(("SM4/ECB/ISO10126PADDING"));

        if (iv == null)
         iv = Hex.decode(ivHex);
```

```
        for (String s : algorithm) {
            //SM4 加密
            try {
                System.out.println("\n SM4 加密算法: " + s);
                System.out.println(" SM4 明文数据: " + text);
                System.out.println(" SM4 加密 key: " + Hex.toHexString(key));
                System.out.println(" SM4 加密 iv: " + Hex.toHexString(iv));
                byte[] encrypt = BcSm4Util.encrypt(s, key, iv, text.getBytes("utf-8"));
                System.out.println(" SM4 加密密文:" + Hex.toHexString(encrypt));
                //SM4 解密
                byte[] decrypt = BcSm4Util.decrypt(s, key, iv, encrypt);
                System.out.println(" SM4 解密数据: " + new String(decrypt,"utf-8"));
            } catch (Exception e) {
                if (e instanceof IllegalBlockSizeException) {
                    System.err.println(" SM4 解密数据: 算法 " + s + " 数据需手工对齐!!!");
                } else {
                        System.err.println(" SM4 解密数据: 算法" + s + "::" + e.getMessage());
                    }
            } finally {
                    System.err.println(" ---------------------------------------");
                }
        }
    }
}
```

回答问题：

(1) 程序中 SM4 算法的密钥是怎样生成的?

(2) Cipher.getInstance()、Cipher.init()、Cipher.doFinal()方法的功能是什么?

(3) 使用 generateKey()生成密钥，程序应该怎样修改?

3. 设计实验

用 SM4 算法实现对一个 Java 源程序文件的加解密操作。

13.3.2 SM3 算法实验

1. SM3 算法介绍

SM3 算法属于消息摘要(单向散列函数)算法。单向散列函数有一个输入和一个输出，其中输入称为消息(message)，输出称为散列值(hash code)。单向散列函数输出的散列值也称为消息摘要(message digest)或者指纹(fingerprint)。单向散列函数可以根据消息的内容计算出散列值，而散列值就可以被用来检查消息的完整性。散列值的长度和消息的长度无关，无论消息是 1B，还是 100MB，甚至是 100GB，单向散列函数都会计算出固定长度的散列值。

单向散列函数在密码学中具有重要的地位，被广泛应用在数字签名和验证、消息码的生成与验证、随机数的生成等领域。常用的国际标准消息摘要算法有 MD4、MD5、SHA-1、SHA-256、SHA-384、SHA512。MD5 的强抗碰撞性已经被攻破，因此已不安全。SM3 算法是在 SHA-256 基础上改进实现的一种算法，采用 Merkle-Damgard 结构。SM3 算法的压缩函数与 SHA-256 的压缩函数具有相似的结构，算法的设计更加复杂，比如压缩函数的每一轮都使用两个消息字，消息分组长度为 512 位，摘要值长度为 256 位。消息摘要生成流程如

图 13-3 所示。

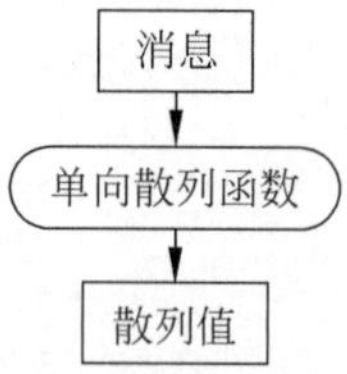

消息
单向散列函数
散列值

图 13-3　消息摘要生成流程

2. SM3 算法的程序实例分析

下列程序采用 SM3 算法计算字符串的消息摘要，运行结果如图 13-4 所示。分析理解程序，编译运行后回答问题。

```
// SM3Util.java
import org.bouncycastle.jce.provider.BouncyCastleProvider;
import org.bouncycastle.crypto.digests.SM3Digest;
import org.bouncycastle.crypto.params.KeyParameter;
import org.bouncycastle.util.encoders.Hex;
import java.security.Security;
import java.util.Arrays;
import java.io.UnsupportedEncodingException;
public class SM3Util {
   static{
      if (Security.getProvider(BouncyCastleProvider.PROVIDER_NAME) == null)
      Security.addProvider(new BouncyCastleProvider());
   }
   //采用 SM3 算法默认密钥生成摘要,作为返回值
   public static byte[] digest(byte[] input){
      //生成一个 SM3 算法的对象
      SM3Digest sm3Digest = new SM3Digest();
      //按照指定的字节来更新摘要
      sm3Digest.update(input, 0, input.length);
      byte[] ret = new byte[sm3Digest.getDigestSize()];
      //产生信息摘要 ret
      sm3Digest.doFinal(ret, 0);
      return ret;
   }
   /**
    * 计算源数据 srcData 的信息摘要与提供的信息摘要 digestbytes 是否一致
    * @param srcData      明文字节数组
    * @param digestbytes 手工提供的摘要字节数组(十六进制数组)
    * @return 验证结果
    * @explain 验证明文生成的 hash 数组与手工给出的摘要数组是否相同
    */
   public static boolean verify(byte[] srcData, byte[] digestbytes) {
      boolean flag = false;
      byte[] newHash = digest(srcData);
      if (Arrays.equals(newHash, digestbytes))
            flag = true;
      return flag;
   }

   public static void main(String[] args) throws Exception {
        String plaintext = "科学和技术 test plaintext";
        String oldfingerprint = "945f375395c32d3a0c4ea7ea0e4ddaff70eeb418e7c71c944891135
a79eff7a4";
        boolean flag = false;
        byte[] plainbytes = plaintext.getBytes("utf-8");
        byte[] newfingerprint = digest(plainbytes);
        System.out.println("\n  plaintext:" + plaintext);
        System.out.println("  sm3 digest fingerprint:" + Hex.toHexString(newfingerprint));
```

```
        flag = verify( plainbytes,  Hex.decode(oldfingerprint));
        System.out.println("  verify result:" + flag);
    }
}
```

```
plaintext:科学和技术test plaintext
sm3 digest fingerprint:945f375395c32d3a0c4ea7ea0e4ddaff70eeb418e7c71c944891135a79eff7a4
verify result:true
```

图 13-4 采用 SM3 算法计算一个字符串的消息摘要

回答问题：

(1) SM3 算法形成的消息摘要是多少位二进制？

(2) 修改 main()方法中 plaintext 字符串中一个字符，对比两个字符串的消息摘要是否相同？

(3) 程序中 SM3Digest 类的 update()、doFinal()方法的功能是什么？

3. 设计实验

用 SM3 算法计算一个 Java 源程序的消息摘要。

13.3.3 SM2 算法实验

1. SM2 算法介绍

(1) 非对称加密算法介绍。

SM2 算法属于公钥密码(非对称密码)算法，公钥密码算法的核心思想是：加密和解密采用不同的密钥，是一对密钥，一个密钥用于加密时，则另一个密钥就用于解密。用公钥加密的文件只能用私钥解密，而私钥加密的文件只能用公钥解密。公钥是公开的，不需要保密，而私钥是由个人自己持有，并且必须妥善保管和注意保密。非对称加密算法的加解密过程如图 13-5 所示。非对称加密算法的另一种应用是数字签名，即一个用户用自己的私钥对数据进行了处理，别人可以用他提供的公钥对数据加以处理。由于仅仅用户本人知道私钥，这种被处理过的报文就形成了一种数字签名，一种别人无法产生的文件。非对称密钥算法数字签名的过程如图 13-6 所示。

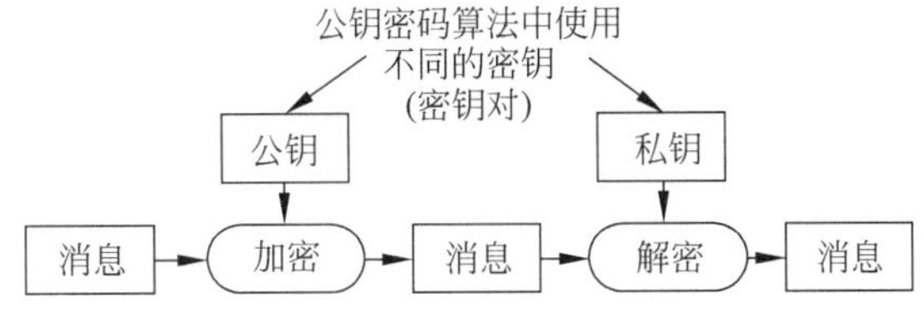

图 13-5 非对称密钥算法的加解密过程

非对称加密算法相对于对称加密算法，算法安全性高，加解密速度慢，主要用于身份认证领域以及对称密钥、重要信息的加密。

国际标准的非对称加密算法主要有 RSA、Elgamal、背包算法、Rabin、D-H、ECC(椭圆曲线加密算法)。目前，RSA-220(即 729 位的数)已经有破解成功的案例，对 RSA-155(即 512 位的数)，使用服务器集群很快就可以破解。

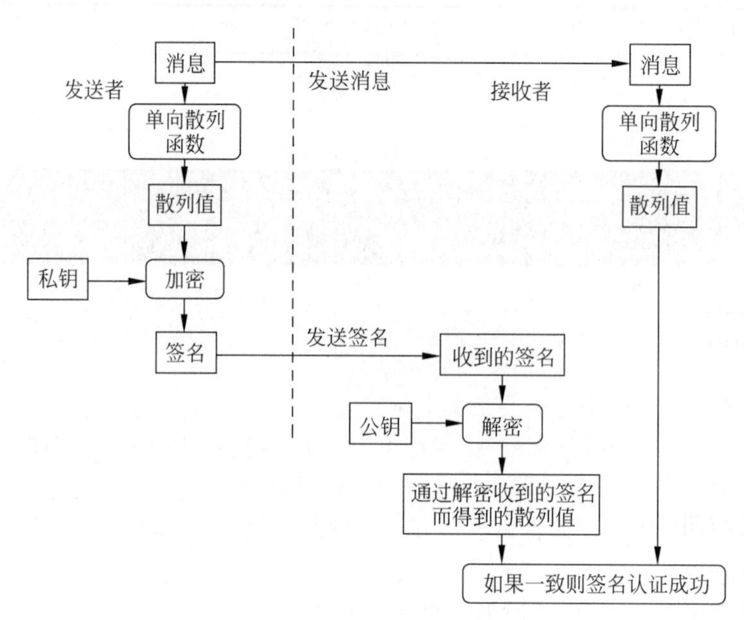

图 13-6　非对称密钥算法数字签名的过程

SM2 是基于椭圆曲线的数字签名算法，其加密强度为 256 位，特点是所需的密钥长度比 RSA 短，采用在椭圆曲线上的特定点进行特殊的乘法运算来实现。利用了这种乘法运算的逆运算非常困难这一特性，SM2 算法在安全性、性能上与 RSA 算法相比都具有优势。

（2）SM2 算法参数说明。

① 加密强度：256 位（私钥长度）。

② 公钥和私钥长度：公钥长度为 64B（512 位），私钥为 32B（256 位）。

③ 支持签名最大数据量及签名结果长度。

签名最大数据量长度无限制；签名结果为 64B（但由于签名后会做 ASN.1 编码，实际输出长度为 70～72B）。

④ 支持加密最大数据量及加密后结果长度。

支持最大近 128GB 数据长度；加密结果（C＝C1C3C2）增加 96B[C1（64B）＋C3（32B）]（如果首字节为 0x04，则增加 97B，实际有效 96B）。

⑤ 私钥。

SM2 私钥是一个大于 1 且小于 $n-1$ 的整数（n 为 SM2 算法的阶，其值参见 GM/T 0003），简记为 k，长度为 256 位（32B）。

⑥ 公钥。

SM2 公钥是 SM2 曲线上的一个点，由横坐标和纵坐标两个分量来表示，记为 (x,y)，简记为 Q，每个分量的长度为 256 位，总长度为 512 位（64B，不包含公钥标识）。

⑦ SM2 算法的数据格式。

私钥数据格式的 ASN.1 定义为：

```
SM2PrivateKey:: = INTEGER
```

公钥数据格式的 ASN.1 定义为：

```
SM2PublicKey::= BIT STRING
```

SM2PublicKey 为 BIT STRING 类型，内容为 04||X|||Y，其中 X 和 Y 分别表示公钥的 x 分量和 y 的分量，其长度各为 256 位。04 用来标识公钥为非压缩格式(压缩格式用 02 标识)。

SM2 算法加密后的数据格式的 ASN.1 定义为：

```
SM2Cipher::= SEQENCE{
  XCoordinate  INTEGER,                --x 分量 32B(256 位)
  YCoordinate  INTEGER,                --y 分量 32B(256 位)
  HASH         OCTET STRING SIZE(32),  --杂凑值 32B(256 位)
  CipherText   OCTET STRING            --密文   等于明文长度
}
```

其中，HASH 为使用 SM3 算法对明文数据运算得到的杂凑值，其长度固定为 256 位。CipherText 是与明文等长的密文。因此 SM2 加密后的密文长度比明文长度增加了 97B(1B 04 标识+32B x 分量+32B y 分量+32B HASH)。

SM2 算法签名数据格式的 ASN.1 定义为：

```
SM2Signature::={
    R  INTEGER,   --签名值的第一部分 32B(256 位)
    S  INTEGER    --签名值的第二部分 32B(256 位)
}
```

R 和 S 的长度都是 32B，因此签名后的数据长度为固定的 64B。

(3) SM2 算法的主要方法。

① 密钥生成。

SM2 密钥生成是指生成 SM2 算法的密钥对的过程，该密钥对包括私钥和与之对应的公钥。其中，私钥长度为 256 位，公钥长度为 512 位。

输入：无

输出：

```
k  SM2PrivateKey SM2 私钥 256 位
Q  SM2PublicKey SM2 公钥 512 位
```

详细计算过程参见 GM/T 0003。

② 加密。

SM2 加密是指使用指定的公开密钥对明文进行特定的加密计算生成相应密文的过程。该密文只能由该指定公开密钥对应的私钥解密。

输入：

```
Q SM2PublicKey SM2 公钥;
m 字节串,待加密的明文数据
```

输出：

```
c SM2Cipher 密文
```

其中：输出参数 c 的格式见参考文献[18]的 7.2；输出参数 c 中的 XCoordinate、

YCoordinate(俗称C1)为随机产生的公钥的 x 分量和 y 分量，都是256位；输出参数c中的HASH(俗称C3)的计算公式为HASH = SM3(x||m||y)，其中，x、y 为公钥Q的 x 分量和 y 分量；输出参数c中的CipherText(俗称C2)为加密密文，其长度等于明文长度。

详细计算过程参见GM/T 0003和GM/T 0004。

③ 解密。

SM2解密是指使用指定的私钥对密文进行解密计算，还原对应明文的过程。

输入：

```
D: SM2PrivateKey SM2 私钥
C: SM2Cipher 密文
```

输出：

m：字节串 与密文对应的明文，m为SM2Cipher经过解密运算得到的明文，该明文的长度与输入参数c中的CipherText(俗称C2)的长度相同。

详细的计算过程参见GM/T 0003。

④ 预处理。

预处理1：预处理1是指使用签名方的用户身份标识和签名方公钥，通过运算得到Z值的过程。Z值用于预处理2，也用于SM2密钥协商协议。

输入：

```
ID 字节串 用户身份标识
Q  SM2PublicKey 用户的公钥
```

输出：

```
Z 字节串 预处理 1 的输出，计算公式为：Z = SM3(ENTL||ID||a||b||XG||yG||XA||yA)
```

其中：ENTL为由2字节标识的ID的比特长度；ID为用户身份标识；a、b为系统曲线参考；XG、yG为基点；XA、yA为用户公钥。

详细计算过程参见GM/T 0003和GM/T 0004。

预处理2：预处理2是指使用Z值和待签名消息，通过SM3运算得到的杂凑值H的过程。杂凑值H用于SM2数字签名。

输入：

```
Z 字节串：预处理 2 的输入
M 字节串：待签名消息
```

输出：

H字节串：杂凑值。计算公式为：H = SM3(Z||M)，详细计算过程参见GM/T 0003和GM/T 0004。

⑤ 数字签名。

SM2签名是指使用预处理的结果和签名者的私钥，通过签名计算得到签名结果的过程。

输入：

```
d SM2Privatekey 签名者私钥
H 字节串,预处理 2 的结果
```

输出：

```
sign SM2Signature 签名值
```

详细计算过程参见 GM/T 0003。

⑥ 签名验证。

SM2 签名验证是指使用预处理 2 的结果、签名值和签名者的公钥。通过验签计算确定签名是否通过验证的过程。

输入：

```
H 字节串 预处理 2 的结果
sign SM2Signature 签名值
Q PublicKey 签名者的公钥
```

输出：

为真：表示验证通过；为假：表示验证不通过；详细计算过程参见 GM/T 0003。

2. SM2 算法的程序应用分析

下列程序使用 SM2 算法，实现了对字符串 plainText 的加解密操作，对字符串 msgText 的数字签名与签名验证，运行结果如图 13-7 所示。分析理解程序，编译运行后回答问题。

```
---->SM2公钥：046ba9493ddd908fa25f2ce4853e90574bcbbbe692070a217e0001d3d181e1493d080be45c4c389e8d4967b63c9ec23a1757a96dd3
112900b0ae3be34d28913893
---->SM2私钥：8b8b923eb13eabf624d3bc3934effe911a97511b98d5dec0594b30f7501c0ab6

---->明文：=========待加密数据=========
---->加密结果：041c3ba2a041368fd4ff4ec8579796767bfa89c37d8eae5b7a2120103a3b1e084a217ed304f97dcc37f37bfdd3c65e573925b317e
60637d864f77c0fd34f3a9714254b32a08ecc6263eed1c501a2a1342d19835a54739bfe3a492d190b5cd9a71883981310b5ded2d9620019dd048b678
5def28fc292616a51c51040cb7eb445d8ef
--->解密结果：=========待加密数据=========
   MsgText: Hello world
   signature: 3046022100a254bc86016d64d0fb7f56030c6bc040c5a52530db843345ef458932095187d1022100bc2862a2a413959384cfea265d
7a6be4a170910ab98bc6ae31266a344787e87f
   Signature verify result: true
```

图 13-7　使用 SM2 算法完成一个字符串的加解密与数字签名

```java
// SM2UtilTest.java
import org.bouncycastle.asn1.gm.GMNamedCurves;
import org.bouncycastle.asn1.x9.X9ECParameters;
import org.bouncycastle.crypto.InvalidCipherTextException;
import org.bouncycastle.crypto.engines.SM2Engine;
import org.bouncycastle.crypto.params.*;
import org.bouncycastle.jcajce.provider.asymmetric.ec.BCECPrivateKey;
import org.bouncycastle.jcajce.provider.asymmetric.ec.BCECPublicKey;
import org.bouncycastle.jcajce.spec.SM2ParameterSpec;
import org.bouncycastle.jce.provider.BouncyCastleProvider;
import org.bouncycastle.jce.spec.ECParameterSpec;
import org.bouncycastle.jce.spec.ECPrivateKeySpec;
import org.bouncycastle.jce.spec.ECPublicKeySpec;
import org.bouncycastle.util.encoders.Hex;
import javax.crypto.Cipher;
import javax.crypto.spec.SecretKeySpec;
import java.security.Signature;
import java.security.*;
```

```
import java.security.spec.ECGenParameterSpec;
import java.security.cert.CertPathBuilderException;
import java.security.cert.CertificateException;
import java.security.cert.X509Certificate;
import java.util.Arrays;
import java.util.Enumeration;
import java.math.BigInteger;
import java.io.*;
enum Mode  {
     C1C2C3, C1C3C2;  //两种加密标准,前者为旧标准,后者为新标准
}
//BouncyCastle 1.68 版本进行测试,1.57 版本以前不支持新标准
public class SM2UtilTest {
  static {       //加载 BC 驱动
   if (Security.getProvider(BouncyCastleProvider.PROVIDER_NAME) == null)
          new BouncyCastleProvider();
   }

   // 生成 SM2 密钥对
   static KeyPair createECKeyPair() {
      //使用标准名称创建 EC 参数生成的参数规范
      final ECGenParameterSpec sm2Spec = new ECGenParameterSpec("sm2p256v1");

      // 获取一个椭圆曲线类型的密钥对生成器
      final KeyPairGenerator kpg;
      try {
          kpg = KeyPairGenerator.getInstance("EC", new BouncyCastleProvider());
// 使用 SM2 算法域参数集初始化密钥生成器(默认使用最高优先级安装的提供者的 SecureRandom 的
// 实现作为随机源)
          // kpg.initialize(sm2Spec);
          // 使用 SM2 的算法域参数集和指定的随机源初始化密钥生成器
          kpg.initialize(sm2Spec, new SecureRandom());
          // 通过密钥生成器生成密钥对
          return kpg.generateKeyPair();

      } catch (Exception e) {
          e.printStackTrace();
          return null;
      }
   }

    /*
    * 公钥加密
    * @param publicKey SM2 公钥
    * @param data        明文数据
    * @param modeType  加密模式
    * @return            密文数据
    */
   public static byte[] encrypt(BCECPublicKey publicKey, byte[] inputBytes, int modeType){
      //加密模式
      SM2Engine.Mode mode;
      if (modeType == 1) {//采用新模式加密标准
          mode = SM2Engine.Mode.C1C3C2;
      } else {//采用旧模式加密标准
```

```
            mode = SM2Engine.Mode.C1C2C3;
        }
        //通过公钥对象获取公钥的基本域参数
        ECParameterSpec ecParameterSpec = publicKey.getParameters();
        ECDomainParameters ecDomainParameters = new ECDomainParameters(ecParameterSpec.
getCurve(), ecParameterSpec.getG(), ecParameterSpec.getN());
        //通过公钥值和公钥基本参数创建公钥参数对象
        ECPublicKeyParameters ecPublicKeyParameters = new ECPublicKeyParameters(publicKey.
getQ(), ecDomainParameters);
        //根据加密模式实例化 SM2 公钥加密引擎
        SM2Engine sm2Engine = new SM2Engine(mode);
        //初始化加密引擎
        sm2Engine.init(true, new ParametersWithRandom(ecPublicKeyParameters, new SecureRandom
()));

        byte[] arrayOfBytes = null;
        try {
            //通过加密引擎对字节数串行加密
            arrayOfBytes = sm2Engine.processBlock(inputBytes, 0, inputBytes.length);
        } catch (Exception e) {
            System.out.println("SM2 加密时出现异常:" + e.getMessage());
            e.printStackTrace();
        }
      return arrayOfBytes;
    }
    /**
     * 私钥解密
     *
     * @param privateKey  SM 私钥
     * @param cipherBytes 密文数据
     * @param modeType    加密模式
     * @return            解密后的明文
     */
public static byte[] decrypt(BCECPrivateKey privateKey, byte[] cipherBytes, int modeType) {
        //解密模式
        SM2Engine.Mode mode;
        if (modeType == 1) {
            mode = SM2Engine.Mode.C1C3C2;
        } else {
            mode = SM2Engine.Mode.C1C2C3;
        }

        //通过私钥对象获取私钥的基本域参数
        ECParameterSpec ecParameterSpec = privateKey.getParameters();
        ECDomainParameters ecDomainParameters = new ECDomainParameters(ecParameterSpec.
getCurve(), ecParameterSpec.getG(), ecParameterSpec.getN());

        //通过私钥值和私钥基本参数创建私钥参数对象
        ECPrivateKeyParameters ecPrivateKeyParameters = new ECPrivateKeyParameters(privateKey.getD(),
                ecDomainParameters);

        //通过解密模式创建解密引擎并初始化
        SM2Engine sm2Engine = new SM2Engine(SM2Engine.Mode.C1C3C2);
        sm2Engine.init(false, ecPrivateKeyParameters);
```

```
        byte[ ] arrayOfBytes = null;
        try {
            //通过解密引擎对密文字节串进行解密
            arrayOfBytes = sm2Engine.processBlock(cipherBytes, 0, cipherBytes.length);
        } catch (Exception e) {
            System.out.println("SM2 解密时出现异常" + e.getMessage());
        }
        return arrayOfBytes;
    }


    //椭圆曲线 ECParameters ASN.1 结构
    private static X9ECParameters x9ECParameters = GMNamedCurves.getByName("sm2p256v1");
    //椭圆曲线公钥或私钥的基本域参数
    private static ECParameterSpec ecDomainParameters = new ECParameterSpec(x9ECParameters.
getCurve(), x9ECParameters.getG(), x9ECParameters.getN());

    /**
     * 公钥字符串转换为 BCECPublicKey 公钥对象
     *
     * @param pubKeyHex 64B 十六进制公钥字符串(如果公钥字符串为 65B,首字节为 0x04: 表示该
公钥为非压缩格式,操作时需要删除)
     * @return BCECPublicKey SM2 公钥对象
     */

    public static BCECPublicKey getECPublicKeyByPublicKeyHex(String pubKeyHex) {
        //截取 64B 有效的 SM2 公钥(如果公钥首字节为 0x04)
        if (pubKeyHex.length() > 128) {
            pubKeyHex = pubKeyHex.substring(pubKeyHex.length() - 128);
        }
        //将公钥拆分为 x,y 分量(各 32B)
        String stringX = pubKeyHex.substring(0, 64);
        String stringY = pubKeyHex.substring(stringX.length());
        //将公钥 x、y 分量转换为 BigInteger 类型
        BigInteger x = new BigInteger(stringX, 16);
        BigInteger y = new BigInteger(stringY, 16);
        //通过公钥 x、y 分量创建椭圆曲线公钥规范
        ECPublicKeySpec ecPublicKeySpec = new ECPublicKeySpec(x9ECParameters.getCurve().
createPoint(x, y), ecDomainParameters);
        //通过椭圆曲线公钥规范,创建出椭圆曲线公钥对象(可用于 SM2 加密及验签)
        return new BCECPublicKey("EC", ecPublicKeySpec, BouncyCastleProvider.CONFIGURATION);
    }

    /**
     * 私钥字符串转换为 BCECPrivateKey 私钥对象
     *
     * @param privateKeyHex: 32B 十六进制私钥字符串
     * @return BCECPrivateKey:SM2 私钥对象
     */
    public static BCECPrivateKey getBCECPrivateKeyByPrivateKeyHex(String privateKeyHex) {
        //将十六进制私钥字符串转换为 BigInteger 对象
        BigInteger d = new BigInteger(privateKeyHex, 16);
        //通过私钥和私钥域参数集创建椭圆曲线私钥规范
        ECPrivateKeySpec ecPrivateKeySpec = new ECPrivateKeySpec(d, ecDomainParameters);
```

```
        //通过椭圆曲线私钥规范,创建出椭圆曲线私钥对象(可用于 SM2 解密和签名)
        return new BCECPrivateKey("EC", ecPrivateKeySpec, BouncyCastleProvider.CONFIGURATION);
    }

    /**
     * 明文签证
     *
     * @param msg: 32B 十六进制明文数组
     * @param privateKey:SM2 私钥对象
     * @return 十六进制字符数组签名
     */
    public static byte[] Sm2Sign(byte[] msg, PrivateKey privateKey) throws IOException,
NoSuchAlgorithmException, NoSuchProviderException, InvalidAlgorithmParameterException,
    InvalidKeyException,CertPathBuilderException, SignatureException, CertificateException{
        // 生成 SM2sign with SM3 签名验签算法实例
        Signature signature = Signature.getInstance("SM3withSm2", new BouncyCastleProvider
());
        // 签名需要使用私钥初始化签名实例
        signature.initSign(privateKey);
        // 签名原文
        signature.update(msg);
        // 计算签名值,作为返回值
        byte[] signatureValue = signature.sign();
        return signatureValue;
    }

    /**
     * 签名验证
     *
     * @param msg: 十六进制明文字符数组
     * @param fingerprint: 提供的十六进制字节数组签名
     * @param publicKey:SM2 公钥对象
     * @return 签名是否正确
     */
    public static boolean Sm2Verify(byte[] msg,byte[] fingerprint,PublicKey publicKey)throws
IOException, NoSuchAlgorithmException, CertPathBuilderException, NoSuchProviderException,
InvalidAlgorithmParameterException, InvalidKeyException, SignatureException{
        // 生成 SM2sign with SM3 签名验签算法实例
        Signature signature = Signature.getInstance("SM3withSm2", new BouncyCastleProvider());
        // 验签 签名需要使用公钥初始化签名实例
        signature.initVerify(publicKey);
        // 写入待验签的签名原文
        signature.update(msg);
        // 验签
        return signature.verify(fingerprint);

    }

    public static void main(String[] args) throws IOException, NoSuchAlgorithmException,
NoSuchProviderException, InvalidAlgorithmParameterException, CertPathBuilderException,Inva-
lidKeyException, SignatureException, CertificateException{

        String publicKeyHex = null;
        String privateKeyHex = null;
```

```
        //产生公钥、私钥密钥对
        KeyPair keyPair = createECKeyPair();
        PrivateKey privateKey = keyPair.getPrivate();
        PublicKey publicKey = keyPair.getPublic();
        System.out.println();
        if (publicKey instanceof BCECPublicKey){
            //获取 65B 非压缩的十六进制公钥串(0x04)
            byte[] publicKeyBytes = ((BCECPublicKey) publicKey).getQ().getEncoded(false);
            publicKeyHex = Hex.toHexString(publicKeyBytes);
            System.out.println("---->SM2 公钥: " + publicKeyHex);
        }

        if (privateKey instanceof BCECPrivateKey) {
            //获取 32B 十六进制私钥串
            privateKeyHex = ((BCECPrivateKey) privateKey).getD().toString(16);
            System.out.println("---->SM2 私钥: " + privateKeyHex);
        }

        // 公钥加密
        String plainText = "========= 待加密数据 =========";
        byte[] plainBytes = plainText.getBytes("utf-8");
        System.out.println("\n---->明文: " + plainText);
        //将十六进制公钥串转换为 BCECPublicKey 公钥对象
        BCECPublicKey bcecPublicKey = getECPublicKeyByPublicKeyHex(publicKeyHex);
        byte[] encryptBytes = encrypt(bcecPublicKey, plainBytes, 1);
        String encryptData = Hex.toHexString(encryptBytes);
        System.out.println("---->加密结果: " + encryptData);

        // 私钥解密
        //将十六进制私钥串转换为 BCECPrivateKey 私钥对象
        BCECPrivateKey bcecPrivateKey = getBCECPrivateKeyByPrivateKeyHex(privateKeyHex);
        byte[] decryBytes = decrypt(bcecPrivateKey, encryptBytes, 1);
//将解密后的字节串转换为 utf8 字符编码的字符串(需要与明文加密时字符串转换成字节串所指定
//的字符编码保持一致)
        String data = new String(decryBytes,"utf-8");
        System.out.println("--->解密结果: " + data);

        //签名与验证
        String msgText = "Hello world";
        byte[] msgBytes = msgText.getBytes("UTF-8");
        byte[] signatureValue = Sm2Sign(msgBytes,privateKey);
        System.out.println("   MsgText: " + msgText);
        System.out.println("   signature: " + Hex.toHexString(signatureValue));
        System.out.println("   Signature verify result: " + Sm2Verify(msgBytes, signatureValue,
publicKey));
    }
}
```

回答问题：

（1）程序中 SM2 算法的密钥对是如何生成的？

（2）SM2Engine 类的 init()、processBlock()方法的功能是什么？

（3）Signature 类的 getInstance()、initSign()、update()、initVerify()、verify()方法的功能是什么？

3. 设计实验

（1）一个信息加密传输过程的流程图如图 13-8 所示，请使用 SM4、SM2 算法分别作为对称密钥和公钥实现该加解密流程。

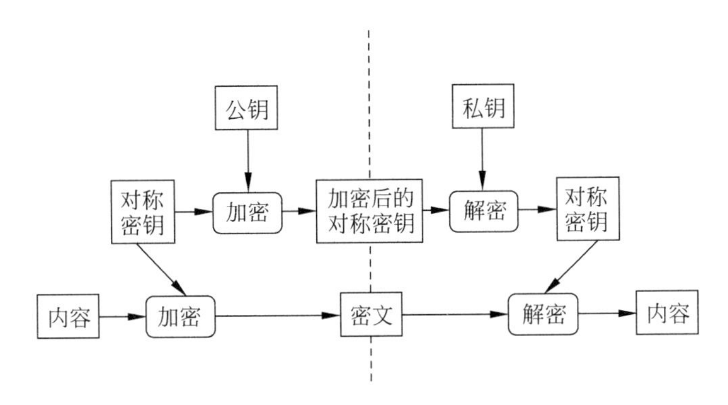

图 13-8　使用 SM2 和 SM4 加密方法完成消息的加密传递

（2）使用 SM2 算法完成对一个 Java 源程序的数字签名与验证。

（3）公钥证书（Public-Key Certificate，PKC）是和驾照类似的证书，里面记有姓名、组织、邮箱、地址等个人信息，以及属于此人的公钥，并由认证机构（Certification Authority，CA）施加数字签名。只要看到公钥证书，就可以知道认证机构认定该公钥的确属于此人。认证机构就是能够认定"公钥确实属于此人"并能生成数字签名的个人或者组织。一个消息发送者利用认证机构向消息接收者发送密文的流程如图 13-9 所示。试问：综合使用 SM2、SM3、SM4 这三种算法，能否完成基于数字证书的消息传递功能？

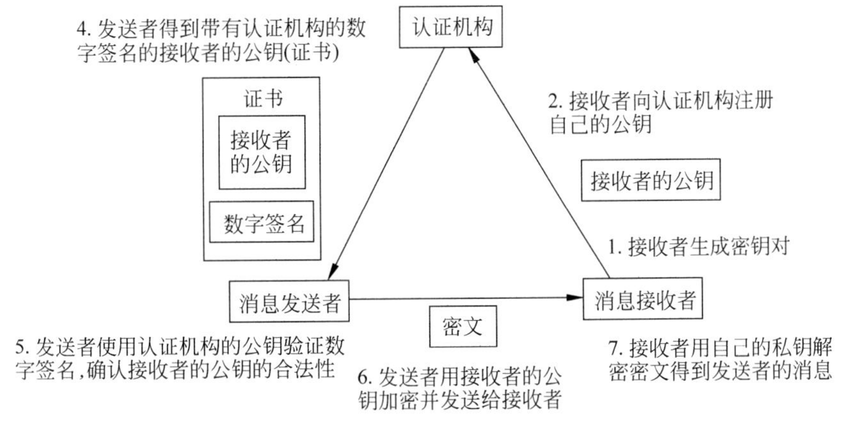

图 13-9　基于数字证书的信息传递

第14章 Web程序设计基础

14.1 实验目的

- 理解 Web 程序的基本工作原理。
- 掌握 Tomcat 服务器的安装和配置。
- 掌握 JSP 程序的基础语法和技术。
- 初步掌握基于 JSP 技术的动态网站设计技术。

14.2 相关知识

JSP 是 Java Server Page 的缩写，是由 Sun 公司倡导，许多公司参与，于 1999 年推出的一种 Web 服务设计标准。JSP 是基于 Java Servlet 以及整个 Java 体系的 Web 开发技术，利用这一技术可以建立安全、跨平台的先进动态网站。JSP 以 Java 为基础，具有动态页面与静态页面分离、能够脱离硬件平台的束缚以及编译后运行等优点，已经成为开发动态网站的主流技术之一。

Tomcat 是 Apache 软件基金会(Apache Software Foundation)的 Jakarta 项目中的一个核心项目，由 Apache、Sun 和其他一些公司及个人共同开发而成。由于有了 Sun 的参与和支持，最新的 Servlet 和 JSP 规范总是能在 Tomcat 中得到体现，Tomcat 5 支持最新的 Servlet 2.4 和 JSP 2.0 规范。因为 Tomcat 技术先进、性能稳定，而且免费，因而深受 Java 爱好者的喜爱并得到了部分软件开发商的认可，成为目前比较流行的 Web 应用服务器。

Tomcat 服务器是一个免费开放源代码的 Web 应用服务器，属于轻量级应用服务器，在中小型系统和并发访问用户不是很多的场合下被普遍使用，是开发和调试 JSP 程序的首选。对于一个初学者来说，可以这样认为，当在一台机器上配置好 Apache 服务器，就可利用它响应 html(标准通用标记语言下的一个应用)页面的访问请求。

动态网站并不是指具有动画功能的网站，而是指网站内容可根据不同情况动态变更的网站，动态是相对于静态网站而言的，一般情况下动态网站通过数据库进行架构。动态网站除了要设计网页外，还要通过数据库和编写程序来使网站具有更多自动的和高级的功能。动态网站体现在网页上一般使用 ASP、JSP、PHP、ASPX 等技术，而静态网页一般是以 html (标准通用标记语言的子集)结尾，动态网站服务器空间配置要比静态的网页要求高，费用也相应高，不过动态网页利于网站内容的更新，适合企业建站。

14.3 实验内容

14.3.1 验证实验

1. 搭建 Tomcat 服务器

视频讲解

要学习 Web 程序，必须先要有一个 Web 服务器，这里使用非常流行的 Tomcat 服务器，Tomcat 服务器是在购买的华为云鲲鹏服务器上搭建的。

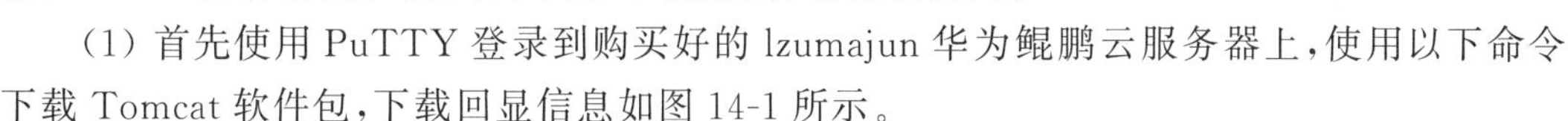

(1) 首先使用 PuTTY 登录到购买好的 lzumajun 华为鲲鹏云服务器上，使用以下命令下载 Tomcat 软件包，下载回显信息如图 14-1 所示。

```
cd /home/
wget  https://hcia.obs.cn-north-4.myhuaweicloud.com/v1.5/apache-tomcat-8.5.41.tar.gz
```

```
124.70.66.251 - PuTTY
[root@lzumajun ~]# cd /home/
[root@lzumajun home]# ls
mysql        Porting-advisor-Kunpeng-linux-2.1.1.SPC100
mysql-5.7.29  Porting-advisor-Kunpeng-linux-2.1.1.SPC100.tar.gz
porting
[root@lzumajun home]# wget  https://hcia.obs.cn-north-4.myhuaweicloud.com/v1.5/apache-tomcat-8.5.41.tar.gz
--2021-04-13 21:28:53--  https://hcia.obs.cn-north-4.myhuaweicloud.com/v1.5/apache-tomcat-8.5.41.tar.gz
Resolving hcia.obs.cn-north-4.myhuaweicloud.com (hcia.obs.cn-north-4.myhuaweicloud.com)... 100.125.80.93
Connecting to hcia.obs.cn-north-4.myhuaweicloud.com (hcia.obs.cn-north-4.myhuaweicloud.com)|100.125.80.93|:443... connected.
HTTP request sent, awaiting response... 200 OK
Length: 9699102 (9.2M) [application/gzip]
Saving to: 'apache-tomcat-8.5.41.tar.gz'

apache-tomcat-8.5.41. 100%[=========================>]   9.25M  --.-KB/s    in 0.08s

2021-04-13 21:28:53 (120 MB/s) - 'apache-tomcat-8.5.41.tar.gz' saved [9699102/9699102]

[root@lzumajun home]#
```

图 14-1 Tomcat 软件包下载进度

(2) 解压 Tomcat 软件包到根目录，解压信息如图 14-2 所示。

```
tar -xvf apache-tomcat-8.5.41.tar.gz  -C  /
```

```
[root@lzumajun home]# tar -xvf apache-tomcat-8.5.41.tar.gz -C /
apache-tomcat-8.5.41/conf/
apache-tomcat-8.5.41/conf/catalina.policy
apache-tomcat-8.5.41/conf/catalina.properties
apache-tomcat-8.5.41/conf/context.xml
apache-tomcat-8.5.41/conf/jaspic-providers.xml
apache-tomcat-8.5.41/conf/jaspic-providers.xsd
apache-tomcat-8.5.41/conf/logging.properties
apache-tomcat-8.5.41/conf/server.xml
apache-tomcat-8.5.41/conf/tomcat-users.xml
```

图 14-2 Tomcat 软件包解压

(3) 执行 systemctl status firewalld 命令查看防火墙是否开启。如果显示 active (running)表示防火墙开启，如果显示 inactive 表示防火墙没有开启，则需要开启防火墙。systemctl start firewalld 开启防火墙，没有任何提示即开启成功，再次执行 systemctl status firewalld 检查。防火墙开启和状态检查操作分别如图 14-3 和图 14-4 所示。

```
[root@lzumajun /]# systemctl status firewalld
● firewalld.service - firewalld - dynamic firewall daemon
   Loaded: loaded (/usr/lib/systemd/system/firewalld.service; disabled; vendor preset: >
   Active: inactive (dead)
     Docs: man:firewalld(1)
[root@lzumajun /]# systemctl start firewalld
[root@lzumajun /]#
```

图 14-3　防火墙开启

```
[root@lzumajun /]# systemctl status firewalld
● firewalld.service - firewalld - dynamic firewall daemon
   Loaded: loaded (/usr/lib/systemd/system/firewalld.service; disabled; vendor preset: >
   Active: active (running) since Tue 2021-04-13 21:36:49 CST; 1min 31s ago
     Docs: man:firewalld(1)
 Main PID: 3567 (firewalld)
    Tasks: 2
   Memory: 54.8M
   CGroup: /system.slice/firewalld.service
           └─3567 /usr/bin/python3 /usr/sbin/firewalld --nofork --nopid

Apr 13 21:36:48 lzumajun systemd[1]: Starting firewalld - dynamic firewall daemon...
Apr 13 21:36:49 lzumajun systemd[1]: Started firewalld - dynamic firewall daemon.
[root@lzumajun /]#
```

图 14-4　防火墙状态检查

(4) 如果服务器 OS 防火墙已开启，执行 firewall-cmd --query-port=8080/tcp 命令查看端口是否开通，提示 no 表示端口未开通，提示 yes 表示端口已经开通。

```
(root@ecs - 32ec ~)# firewall - cmd -- query - port = 8080/tcp
```

(5) 执行 firewall-cmd --add-port=8080/tcp --permanent 命令永久开通端口，提示 success 表示开通成功(waring　忽略即可)。

```
(root@ecs - 32ec ~)# firewall - cmd -- add - port = 8080/tcp -- permanent
success
```

(6) 执行 firewall-cmd --reload 命令重新载入配置，并再次执行 firewall-cmd --query-port=8080/tcp 命令查看端口是否开通，提示 yes 表示端口已开通。具体操作如图 14-5 所示。

```
[root@ecs-32ec ~]# firewall-cmd --reload
success
[root@ecs-32ec ~]# firewall-cmd --query-port=8080/tcp
yes
[root@ecs-32ec ~]#
```

图 14-5　防火墙端口开通状态检查

(7) 验证 Tomcat 是否安装成功，执行以下命令，启动 Tomcat 服务，因为 JDK 前面已经安装好，所以此处不用再配置 JDK 的运行环境。

```
cd apache - tomcat - 8.5.41/
cd bin
./startup.sh
```

(8) 打开本地计算机的 Chrome 浏览器,在地址栏中输入 https://弹性云主机的 IP:端口号(例如此处应为 https://124.70.66.251:8080),按 Enter 键。当出现图 14-6 所示页面时,说明 Tomcat 服务器环境配置成功。

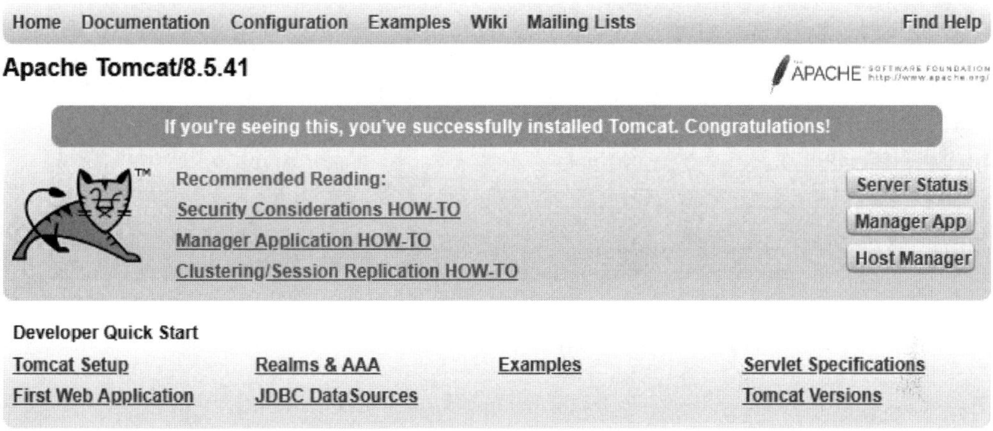

Home Documentation Configuration Examples Wiki Mailing Lists Find Help
Apache Tomcat/8.5.41
APACHE SOFTWARE FOUNDATION http://www.apache.org/
If you're seeing this, you've successfully installed Tomcat. Congratulations!
Recommended Reading:
Security Considerations HOW-TO
Manager Application HOW-TO
Clustering/Session Replication HOW-TO
Server Status
Manager App
Host Manager
Developer Quick Start
Tomcat Setup
First Web Application
Realms & AAA
JDBC DataSources
Examples
Servlet Specifications
Tomcat Versions

图 14-6 Tomcat 服务器环境配置成功图示

2. JSP 页面的基本结构和基础语法

一个 JSP 页面可由 5 种元素组合而成。

(1) 普通的 html 标记和 JavaScript 标记。

(2) JSP 标记,如指令标记、动作标记。

(3) 变量和方法的声明。

(4) Java 程序片。

(5) Java 表达式。

为顺利测试 JSP 页面,首先创建一个网站目录,在 Tomcat 安装目录的 webapps 目录下,新建一个 myjsp 目录,使用如下命令:

```
cd webapps
mkdir myjsp
cd myjsp
```

当 Tomcat 服务器上的一个 JSP 页面被第一次请求执行时,Tomcat 服务器首先将该页面转译成一个 Java 文件,再将这个 Java 文件编译生成字节码文件,然后通过执行字节码文件响应用户的请求。

(1) 基本 JSP 语法测试。下面在 myjsp 目录中编写一个 test1.jsp 文件,输入以下内容,并保存后退出,如图 14-7 所示。

```
vim test1.jsp
```

test1.jsp 文件内容:

```
root@ecs-s3-small-1-linux-20201025194025: /tomcat7/webapps/myjsp
root@ecs-s3-small-1-linux-20201025194025:/tomcat7/webapps/myjsp# vim test1.jsp
         return sum;
      }
%>
<HTML><body bgcolor = pink>
<script>   <!--JavaScript(JS)标记 -->
  <!--以下是JavaScript代码片段 -->
  var userTime = new Date();
  var hour = userTime.getHours();
  var minute =userTime.getMinutes();
  var second = userTime.getSeconds();
  var millisecond = userTime.getMilliseconds();
  document.write("<h2>浏览器时间:"+
                hour+":"+minute+":"+second+":"+millisecond+"<br></h2>");
</script>
<p style="font-family:黑体;font-size:36;color:red"> <!--html标记 -->
<%  //Java程序片:
    LocalTime timeServer = LocalTime.now();
    int hour = timeServer.getHour();
    int minute =timeServer.getMinute();
    int second = timeServer.getSecond();
```

图 14-7　编写 test1.jsp 文件

```
<%@ page contentType = "text/html" %>    <!-- jsp 指令标记 -->
<%@ page pageEncoding = "utf-8" %>     <!-- jsp 指令标记 -->
<%@ page import = "java.time.LocalTime" %> <!-- jsp 指令标记 -->
<%!  public int continueSum(int start,int end){  // 定义方法
        int sum = 0;
        for(int i = start;i <= end;i++)
            sum = sum + i;
        return sum;
     }
 %>
<html><body bgcolor = pink>
<script>   <!-- JavaScript(JS)标记 -->
  <!-- 以下是 JavaScript 程序片 -->
  var userTime = new Date();
  var hour = userTime.getHours();
  var minute = userTime.getMinutes();
  var second = userTime.getSeconds();
  var millisecond = userTime.getMilliseconds();
  document.write("<h2>浏览器时间:" +
                 hour + ":" + minute + ":" + second + ":" + millisecond + "<br></h2>");
</script>
<p style = "font-family:黑体;font-size:36;color:red"> <!-- html 标记 -->
<%                                          //以下是 Java 程序片:
   LocalTime timeServer = LocalTime.now();
   int hour = timeServer.getHour();
   int minute = timeServer.getMinute();
   int second = timeServer.getSecond();
   int nano   = timeServer.getNano() ;             //纳秒
   int millisecond = nano/1000000;
   out.print("服务器时间:<br>" +
          hour + ":" + minute + ":" + second + ":" + millisecond);
   int start = 1;
   int end = 100;
```

```
    int sum = continueSum(start,end);
  %>
</p>
<p style = "font - family:宋体;font - size:33;color:blue"> <!-- html 标记,属性为 css 样式 -->
    从
    <% = start %>  <!-- Java 表达式 -->
    至
    <% = end %>    <!-- Java 表达式 -->
    的<br>连续和是:
    <% = sum %>    <!-- Java 表达式 -->
</p>
<script>   <!-- JavaScript(JS)标记 -->
    document.write("<h2>服务器时间:" +
<% = hour %> + ":" + <% = minute %> + ":" + <% = second %> + ":" + <% = millisecond %> + "</h2
>");
</script>
</body></html>
```

在客户端浏览器中的地址栏中输入：http://Tomcat 服务器的 IP 地址(或域名)：端口(默认端口 80)/myjsp/test1.jsp 来访问服务器上刚写好的 jsp 页面文件，此处用域名 www.lzucclab.net 和默认端口 80 来访问，test1.jsp 文件经过 Tomcat 转译后发给浏览器的响应如图 14-8 所示。

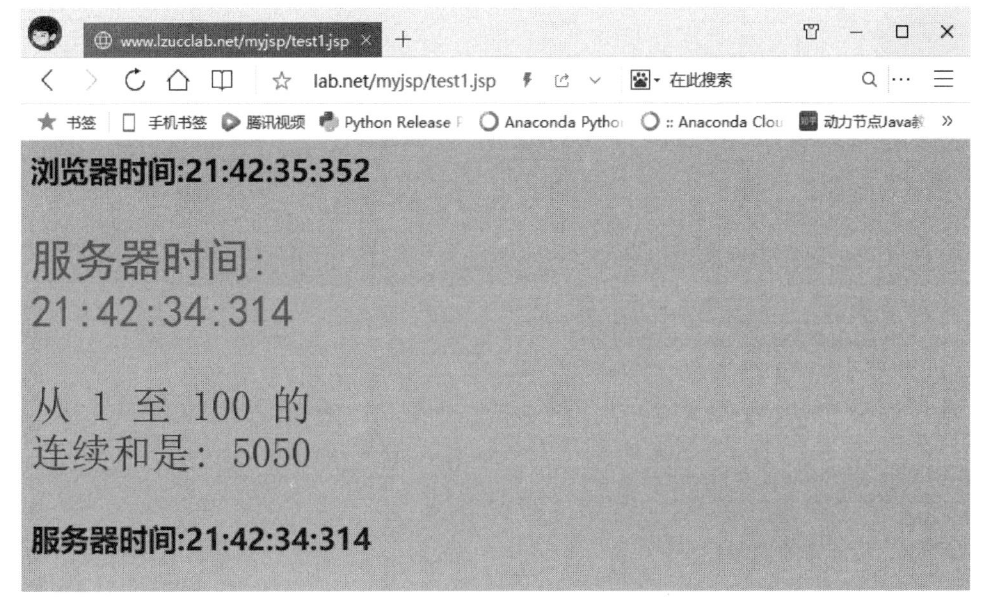

图 14-8 test1.jsp 执行效果

请读者回答，上面的程序为什么会有两个不同的时间。

请读者思考并回答，上面程序中的 JavaScript 程序片和 Java 程序片是在哪个计算机的处理器上执行？

(2) JSP 指令测试。作为 JSP 页面的重要组成部分，JSP 指令是为 JSP 引擎设计的，主要用来告诉 JSP 引擎(比如 Tomcat)如何处理 JSP 页面，如页面采用何种编码，使用何种脚本语言等。JSP 引擎会根据 JSP 的指令信息来完成 JSP 文件的编译，生成对应的 Java 文件并提交给服务器进行处理。指令通常用一对<%@ %>标记来表示，在 Web 服务器端，JSP 指令同样是作为对象来处理的，每个指令对象有诸多属性，具体语法格式如下：

```
<%@指令名称 属性1="属性值1" 属性2="属性值2" ... 属性n="属性值n" %>
```

JSP 中有三大指令，它们分别是 page、include 和 taglib，下面通过示例程序来学习如何使用 page 和 include 指令，taglib 指令用于加载用户自定义标记，读者可自己上网学习。在下面的程序中，ok.txt 文件要放到 myjsp 目录下 myfile 子目录中，同样在 image 子目录中放置 lzu.png 和 xibeimd.jpg，在 sound 子目录中放置校歌 lzusong.mp3 和 xbmd.mp3，在 myjsp 目录中编写 test2_1.jsp、test2_2.jsp 和 test2_3.jsp，通过浏览器输入 URL 地址，详见前言二维码。可以看到 JSP 执行效果如图 14-9 所示。

图 14-9 浏览器显示效果图

ok.txt 文件内容：

```
<%@ page contentType="text/html" %> <!-- page 指令标记 -->
<center>
<A href="test2_1.jsp"> 兰州大学 </A> |
<A href="test2_2.jsp"> 西北民族大学 </A><br>
<A href="test2_3.jsp">通过服务器动态生成图像发到浏览器</A>
```

test2_1.jsp 文件内容：

```
<%@ page contentType="text/html" %> <!-- page 指令标记 -->
<%@ page pageEncoding = "utf-8" %><!-- page 指令标记 -->
<%@ include file="myfile/ok.txt" %><!-- include 指令标记 -->
<html><center><body background="image/lzu.png">
<bgsound src="sound/lzusong.mp3" loop=1>
<h1>这里是兰州大学</h1>
</body></html>
```

test2_2.jsp 文件内容：

```
<%@ page contentType="text/html" %> <!-- page 指令标记 -->
<%@ page pageEncoding = "utf-8" %><!-- page 指令标记 -->
<%@ include file="myfile/ok.txt" %><!-- include 指令标记 -->
<html><center><body background="image/xibeimd.jpg">
<bgsound src="sound/xbmd.mp3" loop="-1">
<h1>这里是西北民族大学</h1>
</body></html>
```

test2_3.jsp 文件内容：

```
<%@ page contentType="image/jpeg" %> <!-- page 指令标记 -->
```

```
<%@ page import = "java.awt. * " %><!-- page 指令标记 -->
<%@ page import = "java.io.OutputStream" %><!-- page 指令标记 -->
<%@ page import = "java.awt.image.BufferedImage" %><!-- page 指令标记 -->
<%@ page import = "java.awt.geom. * " %><!-- page 指令标记 -->
<%@ page import = "javax.imageio.ImageIO" %><!-- page 指令标记 -->
<%   int width = 200, height = 200;
    BufferedImage image = new BufferedImage(width,height,BufferedImage.TYPE_INT_RGB);
    Graphics g = image.getGraphics();
    g.fillRect(0, 0, width, height);
    Graphics2D g_2d = (Graphics2D)g;
    Ellipse2D ellipse = new Ellipse2D.Double(30,80,80,40);
    g_2d.setColor(Color.blue);
    AffineTransform trans = new  AffineTransform();
    for(int i = 1;i <= 24;i++) {
      trans.rotate(15.0 * Math.PI/180,100,80);
      g_2d.setTransform(trans);
      g_2d.draw(ellipse);
    }
    g_2d.setColor(Color.black);
    g_2d.setFont(new Font("",Font.BOLD,18));
    g_2d.drawString("Lzu majun",50,180);
    g_2d.dispose();
    OutputStream outClient = response.getOutputStream();   //获取指向用户端的输出流
    boolean boo = ImageIO.write(image,"jpeg",outClient);
%>
```

(3) JSP 动作测试。JSP 动作标记能够控制服务器的行为，完成 JSP 页面的各种通用功能设置和一些复杂的业务逻辑处理，如动态地插入文件、加载 JavaBean 组件、实现页面跳转等。JSP 动作标记的通用格式如下：

```
<JSP:动作名 属性 1 = "属性值 1"...属性 n = "属性值 n" />
<JSP:动作名 属性 1 = "属性值 1"...属性 n = "属性值 n">相关内容</JSP:动作名>
```

JSP 中常用的动作标记包括：<JSP:include>、<JSP:param>、<JSP:forward>、<JSP:plugin>、<JSP:useBean>、<JSP:setProperty>、<JSP:getProperty>。

① 下面程序演示了<JSP:include>和<JSP:param>动作的使用，和上面的程序一样，文件 trangle.jsp 被放置在 myjsp 目录下的 myfile 子目录中，test3.jsp 放置在 myjsp 目录中，在浏览器的地址栏中输入 http://www.lzucclab.net/myjsp/test3.jsp 查看效果，如图 14-10 所示。

test3.jsp 文件内容：

```
<%@ page contentType = "text/html" %><!-- page 指令标记 -->
<%@ page pageEncoding = "utf - 8" %><!-- page 指令标记 -->
<html><body bgcolor = cyan>
<!-- 产生三随机数 -->
<%
   double a = 1 + Math.random() * 10;
   double b = 2 + Math.random() * 10;
   double c = 3 + Math.random() * 10;
 %>
<p style = "font - family:宋体;font - size:36">
```

图 14-10　jsp:forward 动作演示

```
<br>加载 triangle.jsp 计算三边为<% =a%>,<% =b%>,<% =c%>的三角形面积.
   <jsp:include page="myfile/triangle.jsp"> <!-- jsp 动作标记 -->
    <jsp:param name="sideA" value="<% =a%>"/> <!-- jsp 动作标记 -->
    <jsp:param name="sideB" value="<% =b%>"/> <!-- jsp 动作标记 -->
    <jsp:param name="sideC" value="<% =c%>"/> <!-- jsp 动作标记 -->
   </jsp:include>
</p></body></html>
```

trangle.jsp 文件内容：

```
<%@ page contentType="text/html" %>
<%@ page pageEncoding = "utf-8" %>
<%! public String getArea(double a,double b,double c) {
       if(a+b>c&&a+c>b&&c+b>a) {
          double p=(a+b+c)/2.0;
          double area=Math.sqrt(p*(p-a)*(p-b)*(p-c)) ;
          String result = String.format("%.2f",area);  //保留两位小数
          return result;
       }
       else {
         return(""+a+","+b+","+c+"不能构成一个三角形,无法计算面积");
       }
   }
 %>
<%   String sideA=request.getParameter("sideA");
     String sideB=request.getParameter("sideB");
     String sideC=request.getParameter("sideC");
     double a=Double.parseDouble(sideA);
     double b=Double.parseDouble(sideB);
     double c=Double.parseDouble(sideC);
 %>
<p style="font-family:黑体;font-size:36;color:blue">
<br><b>我是被加载的文件,负责计算三角形的面积<br>
   给我传递的三边是:<% =sideA%>,<% =sideB%>,<% =sideC%></b>
```

```
  <% if(a + b > c&&a + c > b&&c + b > a) { %>
<br><b><i>三角形的面积(保留 2 位小数):<% = getArea(a,b,c) %></i></b>
  <% } else { %>
   <br><b><i><% = getArea(a,b,c) %></i></b>
   <% } %>
</p>
```

② 下面程序演示<jsp:forward　page="要转向的页面">指令的使用，该指令的作用是从该指令处停止当前页面的执行，而转向执行 page 属性指定的 JSP 页面，虽然用户看到了转向后的页面效果，但浏览器地址栏中显示的仍然是转向前的 JSP 页面的 URL 地址，因此，如果刷新浏览器的显示，将再次执行当前浏览器地址栏中显示的 JSP 页面，如图 14-10 所示。

test4.jsp 文件内容：

```
<%@ page contentType = "text/html" %>
<%@ page pageEncoding = "utf-8" %>
<html><body>
<h1>产生一个 1-10 的随机数
<%  double i = (int)(Math.random() * 10) + 1;
  if(i <= 5) {
%>      <jsp:forward page = "test4_1.jsp" >
         <jsp:param name = "number" value = "<% = i %>" />
     </jsp:forward>
<%  } else {
%>     <jsp:forward page = "test4_2.jsp" >
        <jsp:param name = "number" value = "<% = i %>" />
     </jsp:forward>
<%  }
%>
</body></html>
```

test4_1.jsp 文件内容：

```
<%@ page contentType = "text/html" %>
<%@ page pageEncoding = "utf-8" %>
<html><body bgcolor = cyan>
<p style = "font-family:宋体;font-size:36">
<% String s = request.getParameter("number");
   out.println("传递过来的值是" + s);
%>
<br><img src = image/pic_a.jpg width = 300 height = 280/>
</p></body></html>
```

test4_2.jsp 文件内容：

```
<%@ page contentType = "text/html" %>
<%@ page pageEncoding = "utf-8" %>
<html><body bgcolor = yellow>
<p style = "font-family:宋体;font-size:36">
<% String s = request.getParameter("number");
   out.println("传递过来的值是" + s);
%>
<br><img src = image/pic_b.jpg width = 300 height = 280 />
</p></body></html>
```

简述include指令标记和include动作标记的不同。

(4) JSP内置对象测试。在Java Web服务器(例如Tomcat)启动起来以后，会自动创建一些对象，可以在页面中直接使用，这就是JSP的内置对象，常用的内置对象有request、response、session、out和application。

out对象用来输出，前面已经使用过了；request和response对象提供了对服务器和浏览器通信方法的控制，其中request封装了用户提交的信息，是浏览器发给服务器的；response对象封装的是对请求的动态响应，是服务器发给浏览器的。

① request内置对象测试。

test5.jsp文件内容：

```
<%@ page contentType = "text/html" %>
<%@ page pageEncoding = "utf-8" %>
<style>
   #textStyle{
      font-family:宋体;font-size:28;color:blue
   }
</style>
<html><body id = textStyle bgcolor = #ffccff>
<form action = "test5_handle.jsp" method = post>
输入日期的年份选择月份查看日历.<br>
年份: <input type = "text" name = "year" id = textStyle value = 2022 size = 12 />
月份 <select name = "month" id = textStyle size = 1>
  <option value = "1">1月</option>
  <option value = "2">2月</option>
  <option value = "3">3月</option>
  <option value = "4">4月</option>
  <option value = "5">5月</option>
  <option value = "6">6月</option>
  <option value = "7">7月</option>
  <option value = "8">8月</option>
  <option value = "9">9月</option>
  <option value = "10">10月</option>
  <option value = "11">11月</option>
  <option value = "12">12月</option>
</select><br>
<input type = "submit" id = textStyle value = "提交"/>
</form>
</body></html>
test5_handle.jsp
<%@ page import = "java.time.LocalDate" %>
<%@ page import = "java.time.DayOfWeek" %>
<%
   request.setCharacterEncoding("utf-8");
   String year = request.getParameter("year");
   String month = request.getParameter("month");
   int y = Integer.parseInt(year);
   int m = Integer.parseInt(month);
   LocalDate date = LocalDate.of(y,m,1);
   int days = date.lengthOfMonth();               //得到该月有多少天
   int space = 0;                                 //存放空白字符的个数
   DayOfWeek dayOfWeek = date.getDayOfWeek();     //得到1号是星期几
```

```
    switch(dayOfWeek) {
        case SUNDAY:     space = 0; break;
        case MONDAY:     space = 1; break;
        case TUESDAY:    space = 2; break;
        case WEDNESDAY: space = 3; break;
        case THURSDAY:   space = 4; break;
        case FRIDAY:     space = 5; break;
        case SATURDAY:   space = 6; break;
    }
    String [] calendar = new String[space + days];  //用于存放日期和1号前面的空白
    for(int i = 0;i < space;i++)
        calendar[i] = " -- ";
    for(int i = space,n = 1;i < calendar.length;i++){
        calendar[i] = String.valueOf(n) ;
        n++;
    }
%>
<html><body bgcolor = #ffccff>
<h3><% = year %>年<% = month %>月的日历:</h3>
<table  border = 1>
  <tr><th>星期日</th><th>星期一</th><th>星期二</th><th>星期三</th>
     <th>星期四</th><th>星期五</th><th>星期六</th>
  </tr>
<%
    int n = 0;
    while(n < calendar.length){
        out.print("<tr>");
        int increment = Math.min(7,calendar.length - n);
        for(int i = n;i < n + increment;i++) {
          out.print("<td align = center>" + calendar[i] + "</td>");
        }
        out.print("</tr>");
        n = n + increment;
    }
%>
</table></body></html>
```

② response 内置对象测试。

我们给 response 对象添加一个响应头 refresh，5 秒刷新一次。

test6.jsp 文件内容：

```
<%@ page contentType = "text/html" %>
    <%@ page pageEncoding = "utf-8" %>
    <%@ page import = "java.time.LocalTime" %>
    <html><body bgcolor = #ffccff>
  <p style = "font-family:宋体;font-size:36;color:blue">
现在的时间是:<br>
<%  out.println("" + LocalTime.now());
    response.setHeader("Refresh","5");
 %>
</p></body></html>
```

HTTP 协议是一种无状态协议，一个用户向服务器发出请求(request)，服务器返回响应(response)，在服务器端不保留用户的相关信息，因此当下一次用户发出新请求时，服务器无法判断新请求和以前的请求是否属于同一用户。这就需要 session 对象来维护会话，简单地说，用户(浏览器)在访问一个 Web 服务应用期间，服务器为该用户创建一个 session 对象，并为该 session 分配一个唯一的 session id，服务器可以在各个页面使用这个 session 对象记录当前用户的有关信息，并且服务器保证不同用户的会话 id 互不相同。

③ session 内置对象测试。

test7_a.jsp 文件内容：

```
<%@ page contentType = "text/html" %>
<%@ page pageEncoding = "utf-8" %>
<style>#textStyle
   { font-family:宋体;font-size:36;color:blue
   }
</style>
<html><body bgcolor = #ffccff>
<p id = "textStyle">
这是 test7_a.jsp 页面<br>单击提交键连接到 test7_b.jsp
<% String id = session.getId();
    out.println("<br>session 对象的 ID 是<br>" + id);
%>
<form action = "test7_b.jsp" method = post name = form>
  <input type = "submit" id = "textStyle" value = "访问 test7_b.jsp" />
</form>
</body></html>
```

test7_b.jsp 文件内容：

```
<%@ page contentType = "text/html" %>
<%@ page pageEncoding = "utf-8" %>
<style>#textStyle
   { font-family:黑体;font-size:36;color:red
   }
</style>
<html><body bgcolor = cyan>
<p id = "textStyle">
这是 test7_b.jsp 页面
<%  String id = session.getId();
    out.println("<br>session 对象的 ID 是<br>" + id);
%>
<br>连接到 test7_a.jsp 的页面.<br>
<a href = "test7_a.jsp">test7_a.jsp</a>
</body></html>
```

除了 Web 服务应用为每个用户创建 session 对象用于一系列请求的会话，同时也会创建一个 application 对象供使用该 Web 服务应用的所有用户共享使用，不同的 Web 服务下的 application 是互不相同的。

④ application 内置对象测试。

test8.jsp 文件内容：

```
<%@ page language = "java" import = "java.util.*" pageEncoding = "UTF-8" %>
<%
```

```
String path = request.getContextPath();
String basePath = request.getScheme() + "://" + request.getServerName() + ":" + request.getServerPort() + path + "/";
%>
<!DOCTYPE html PUBLIC " - //W3C//DTD html 4.01 Transitional//EN">
<html>
  <head>
  <title>application 对象演示</title>
  </head>
  <body>
  <%! Integer num;
   %>
  <%
  if(session.isNew()){                                  //如果是一个新用户
   num = (Integer)application.getAttribute("count");
   if(num == null) {//如果是第一个访问者
      num = new Integer(1);
      application.setAttribute("count",num);
   }else{
      num = new Integer(num.intValue() + 1);
      application.setAttribute("count",num);
   }
  }
   %>
  <p>
  <font size = "2" color = "blue">简单的用户访问计数器</font>
  </p>
  <p>
  <font size = "2" color = "#000000">
  欢迎访问此页面,您是<% = num %>个访问用户
  </font>
  </p>
  </body>
</html>
```

3. JSP 与 JavaBean

按照 Sun 公司的定义，JavaBean 是一个可以重复使用的软件组件，通过封装属性和方法成为具有某种功能的对象，实际上 JavaBean 就是符合一定规范的 Java 类。JSP 页面可以将数据的处理过程指派给一个或几个 bean 来完成，通过<jsp:useBean>动作标记来完成 bean 的加载和使用，语法如下：

```
<jsp:useBean id = "bean 的名字"  class = "创建 bean 的类"  scope = "bean 的有效范围" />
```

例如<jsp:useBean id="play" class="red.star.Play" scope="session" /> 的意思是用该 Web 目录下的 WEB-INF 目录下的 classes 目录下的 red.star.Play.class 类创建一个 bean 对象，id 为 play，有效使用范围为 session（会话级别）。下面的程序使用 Play.class 完成切换图片的功能，将 Play.java 文件编译后生成的 class 文件放置在该 Web 应用目录下的 WEB-INF 目录下的 classes 目录中，以包的方式存放，即要建立 red/star 目录，将 Play.class 复制到 red/star 目录下，如图 14-11 所示。程序 test9.jsp 的显示效果如图 14-12 所示。

```
root@ecs-s3-small-1-linux-20201025194025:/tomcat7/webapps/myjsp/WEB-INF/classes/red/star# ls Play.*
Play.class  Play.java
root@ecs-s3-small-1-linux-20201025194025:/tomcat7/webapps/myjsp/WEB-INF/classes/red/star#
```

图 14-11　javaBean 的字节码存放目录

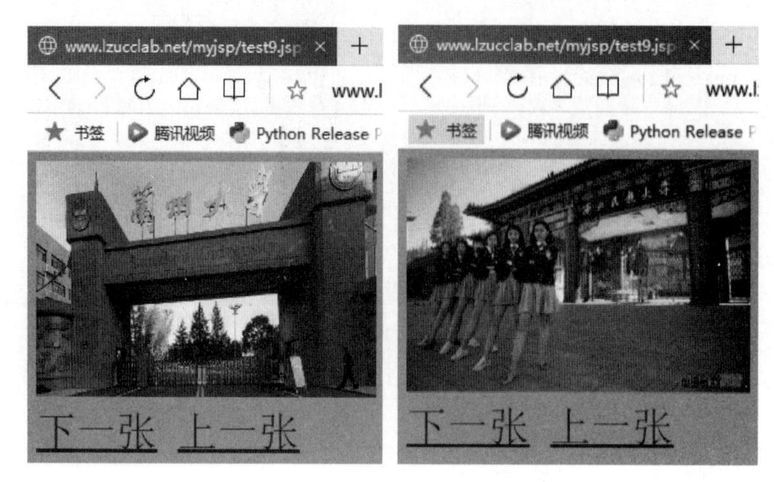

图 14-12　使用 JavaBean 切换图片

test9.jsp 文件内容：

```
<%@ page contentType = "text/html" %>
<%@ page pageEncoding = "utf-8" %>
<style>
   #textStyle{
      font-family:宋体;font-size:36;color:blue
   }
</style>
<% request.setCharacterEncoding("utf-8");
%>
<jsp:useBean id = "play" class = "red.star.Play" scope = "session" />
<%
   String webDir = request.getContextPath();        //获取当前 Web 服务目录的名称
   webDir = webDir.substring(1);                    //去掉名称前面的目录符号:/
%>
<jsp:setProperty  name = "play" property = "webDir" value = "<% = webDir %>"/>
<jsp:setProperty  name = "play" property = "index"  param = "index" />
<html><body bgcolor = cyan><p id = textStyle>
<image src =
 image/<jsp:getProperty name = "play" property = "showImage"/> width = 300 height = 200>
</image><br>
<a href = "?index = <% = play.getIndex() + 1 %>">下一张</a>
<a href = "?index = <% = play.getIndex() - 1 %>">上一张</a>
</p></body></html>
```

Play.java 文件内容：

```
package red.star;
import java.io.*;
public class Play {
```

```
    String pictureName[];                 //存放全部图片文件名字的数组
    String showImage;                     //存放当前要显示的图片
    String webDir = "";                   //web 服务目录的名字,例如 ch5
    String tomcatDir;                     //Tomcat 的安装目录,例如 apache - tomcat - 9.0.26
    int index = 0;                        //存放图片文件的序号
    public Play() {
       File f = new File("");//该文件默认在 Tomcat 服务器启动的目录中,即 bin 目录中
       String path = f.getAbsolutePath();
       int index = path.indexOf("bin");    //bin 是 Tomcat 的安装目录下的子目录
       tomcatDir = path.substring(0,index);//得到 Tomcat 的安装目录的名字
    }
    public void setWebDir(String s) {
       webDir = s;
       File dirImage = new File(tomcatDir + "/webapps/" + webDir + "/image");
       pictureName = dirImage.list();
    }
    public String getShowImage() {
       showImage = pictureName[index];
       return showImage;
    }
    public void setIndex(int i) {
       index = i;
       if(index >= pictureName.length)
         index = 0;
       if(index < 0)
         index = pictureName.length - 1;
    }
    public int getIndex() {
       return  index ;
    }
}
```

请查找资料说明 JavaBean 的有效范围有哪几种,如何区别?

4. 在 JSP 中使用数据库

用第 12 章中已经安装好的 MySQL 实例,用 PuTTY 连接鲲鹏服务器,使用 mysql -uroot -p 连接数据库系统,根据显示输入 MySQL 的 root 用户密码,然后输入以下 MySQL 命令用来创建数据库和插入部分数据。

```
create database bookDatabase;
use  bookDatabase;
create table bookList(
     ISBN varchar(100) not null,

     name varchar(100) character set gb2312,
     price float,
     publishDate date,
     primary key(ISBN)
     );
insert into bookList values('988302084658','Java language',38.67,'2021 - 12 - 10'),
('129352914657','English book',78,'1998 - 5 - 19'),
('297873022198048','Mysql database',29,'1999 - 5 - 16'),
```

```
('097873902488664','Java programming',32,'2018-1-10');
select * from bookList;
```

使用以下 test10.jsp 访问和显示 bookDatabase 数据库中 bookList 表中的内容，执行效果如图 14-13 所示。

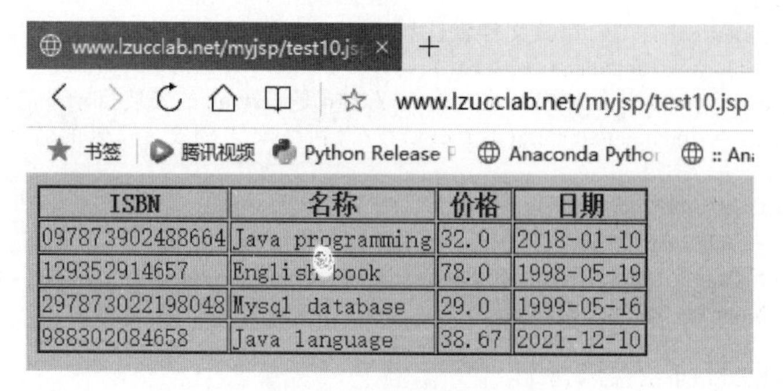

图 14-13　显示数据库内容

test10.jsp 文件内容：

```
<%@ page contentType="text/html" %>
<%@ page pageEncoding = "utf-8" %>
<%@ page import="java.sql.*" %>
<style>
   #tom{
     font-family:宋体;font-size:18;color:blue
   }
</style>
<html><body bgcolor=#EEDDFF>
 <% Connection con=null;
   Statement sql;
   ResultSet rs;
   try{                                          //加载 JDBC-MySQL8.0 连接器
      Class.forName("com.mysql.cj.jdbc.Driver");
   }
   catch(Exception e){
      out.print("<h1>"+e);
   }
   String url = "jdbc:mysql://localhost:3306/bookDatabase?"+
   "useSSL=false&serverTimezone=CST&characterEncoding=utf-8";
   String user ="root";
   String password ="majun4044";
   out.print("<table border=1>");
   out.print("<tr>");
   out.print("<th id=tom width=100>"+"ISBN");
   out.print("<th id=tom width=100>"+"名称");
   out.print("<th id=tom width=50>"+"价格");
   out.print("<th id=tom width=50>"+"日期");
   out.print("</tr>");
   try{
      con = DriverManager.getConnection(url,user,password); //连接数据库
      sql=con.createStatement();
      String SQL = "SELECT * FROM bookList";                //SQL 语句
```

```
        rs = sql.executeQuery(SQL);                          //查表
        while(rs.next()) {
            out.print("<tr>");
            out.print("<td id = tom>" + rs.getString(1) + "</td>");
            out.print("<td id = tom>" + rs.getString(2) + "</td>");
            out.print("<td id = tom>" + rs.getFloat(3) + "</td>");
            out.print("<td id = tom>" + rs.getDate(4) + "</td>");
            out.print("</tr>") ;
        }
        out.print("</table>");
        con.close();
    } catch(SQLException e) {
        out.print("<h1>" + e);
    }
%>
</body></html>
```

14.3.2　填空实验

现在各种 Web 应用中，如果登录或者注册时，为了防止机器人或者程序扫描，一般会通过一种需要人类能识别，而机器人识别比较困难的验证码技术来防止机器人和程序登录，下面的程序实现了一个非常简单的动态生成数字的验证码，同学们根据学到的知识完成填空和运行。

login.jsp 文件内容：

```
_______________________                         //填写 page 指令
<!DOCTYPE html PUBLIC " - //W3C//DTD html 4.01 Transitional//EN">
<html>
  <head>
   <meta http - equiv = "pragma" content = "no - cache">
   <meta http - equiv = "cache - control" content = "no - cache">
   <meta http - equiv = "expires" content = "0">
  </head>
  <%
   String input_code  =  request.getParameter("req_code");
   String hide_code  = (String)session.getAttribute("sec_code");
   String username = _____________________; //获取 request 对象中 username 参数的值
   String password = request.getParameter("password");
   if(username!= null&&password!= null){
        out.println("上次的信息:<br>");
        out.println("username:" + username);
        out.println("password:" + password);
        out.println("hide_code:" + hide_code);
   }
   if(input_code!= null && hide_code!= null){
      if(input_code.equals(hide_code)){
            out.println("<br>上次验证码输入正确!");
      }else{
            out.println("<br>上次验证码输入不正确,请重新输入!");
      }
   }
  %>
```

```
  <body>
   <form action = "login.jsp" method = "post">
   用户名:
   <input type = "text" name = "username"/><br/>
   密码:
   <input type = "password" name = "password"/><br/>
   验证码:
   <img src = __________________/>  <!-- 填写生成图片的 jsp 文件 -->
   <input type = "text" name = "req_code"/>
   <input type = "submit" value = "登录"/>
   </form>
  </body>
</html>
```

numbers.jsp 文件内容：

```
<%@ page contentType = "image/jpeg" language = "java" import = "java.util.*,java.awt.*,
java.awt.image.*,javax.imageio.*" pageEncoding = "utf-8"%>
  <%!
   Color getRandColor(int fc,int bc){
      Random random = new Random();
      if(fc > 255){
         fc = 255;
      }
      if(bc < 255){
         bc = 255;
      }
      int r = fc + random.nextInt(bc - fc);
      int g = fc + random.nextInt(bc - fc);
      int b = fc + random.nextInt(bc - fc);
      return new Color(r,g,b);
   }
 %>
<%
   //设置页面不缓存
   response.setHeader("Pragma","no-cache");
   response.setHeader("Cache-Control","no-catch");
   response.setDateHeader("Expires",0);
   //在内存中创建图像
   int width = 60;
   int height = 20;
   BufferedImage image = new BufferedImage(width,height,BufferedImage.TYPE_INT_RGB);
   //创建图像
   Graphics g = image.getGraphics();
   //生成随机对象
   Random random = new Random();
   //设置背景色
   g.setColor(getRandColor(200,250));
   g.fillRect(0,0,width,height);
   //设置字体
   g.setFont(new Font("Times New Roman",Font.PLAIN,18));
   //随机产生干扰线
   g.setColor(getRandColor(160,200));
   for(int i = 0; i < 255; i++){
```

```
        int x = random.nextInt(width);
        int y = random.nextInt(height);
        int xl = random.nextInt(12);
        int yl = random.nextInt(12);
    }
    //随机产生认证码,4 位数字
    String sRand = "";
    for(int i = 0; i < 4; i++){
        String rand = String.valueOf(random.nextInt(10));
        sRand += rand;
        //将认证码显示到图像中
        g.setColor(new Color(20 + random.nextInt(110), 20 + random.nextInt(110), 20 +
random.nextInt(110)));
        g.drawString(rand,13 * i + 6,16);
    }
    ______________________________//将 sRand 存储到 session 中
    //图像生效
    g.dispose();
    //输出图像到页面
    ImageIO.write(image,"JPEG",response.getOutputStream());
    out.clear();
    out = pageContext.pushBody();
%>
```

填写完成后,上传到服务器,通过浏览器访问,动态验证码演示效果如图 14-14 所示。

图 14-14　动态验证码演示

14.3.3 设计实验

设计一个简单的用户注册和登录系统,后台为 MySQL 数据库系统,提供动态验证码,登录时要求输入的密码和数据库中的密码要匹配,登录失败时继续返回到登录页面,登录成功后显示一张欢迎信息的图片。

参考文献

[1] HARVEY M D. Java大学教程[M]. 4版. 北京：电子工业出版社，2002.
[2] 黄斐. Java程序设计与应用技术教程[M]. 北京：科学出版社，2002.
[3] 史斌星. Java基础编程贯通教程[M]. 北京：清华大学出版社，2003.
[4] 周晓聪. 面向对象程序设计与Java语言[M]. 北京：机械工业出版社，2004.
[5] SCHILDT H，HOLMES J. Java编程艺术[M]. 邓劲生，译. 北京：清华大学出版社，2004.
[6] 耿祥义. Java大学实用教程[M]. 北京：电子工业出版社，2005.
[7] 丁岳伟，彭敦陆. Java程序设计[M]. 北京：高等教育出版社，2005.
[8] 印旻. Java语言与面向对象程序设计教程[M]. 北京：清华大学出版社，2000.
[9] 孙卫琴. Java面向对象编程[M]. 北京：电子工业出版社，2006.
[10] 夏宽理. Java语言程序设计(一)[M]. 北京：机械工业出版社，2008.
[11] 叶乃文，王丹. Java语言程序设计教程[M]. 北京：机械工业出版社，2010.
[12] BUDI K. Java 7程序设计[M]. 俞黎敏，徐周乐，等译. 北京：机械工业出版社，2012.
[13] 化志章，揭安全. Java程序设计——从方法学角度描述[M]. 北京：机械工业出版社，2012.
[14] 明日科技. Java经典编程300例[M]. 北京：清华大学出版社，2012.
[15] 何怀文，彭政. 网络程序设计实验教程(Java语言)[M]. 北京：清华大学出版社，2016.
[16] 孙卫琴. Java网络编程精解[M]. 北京：电子工业出版社，2007.
[17] POORNACHANDRA S. Java 7编程高级进阶[M]. 曹如进，张方勇，译. 北京：清华大学出版社，2013.
[18] 国家密码管理局. SM2椭圆曲线公钥密码算法，GM/T 0003—2012.
[19] 国家密码管理局. SM3密码杂凑算法，GM/T 0004—2012.
[20] 国家密码管理局. SM4分组密码算法，GM/T 0002—2012.
[21] 耿祥义，张跃平. JSP实用教程[M]. 4版. 北京：清华大学出版社，2020.
[22] 华为技术有限公司. 鲲鹏云实践，2020.

图书资源支持

感谢您一直以来对清华版图书的支持和爱护。为了配合本书的使用，本书提供配套的资源，有需求的读者请扫描下方的"书圈"微信公众号二维码，在图书专区下载，也可以拨打电话或发送电子邮件咨询。

如果您在使用本书的过程中遇到了什么问题，或者有相关图书出版计划，也请您发邮件告诉我们，以便我们更好地为您服务。

我们的联系方式：

地　　址：北京市海淀区双清路学研大厦 A 座 714

邮　　编：100084

电　　话：010-83470236　010-83470237

客服邮箱：2301891038@qq.com

QQ：2301891038（请写明您的单位和姓名）

资源下载：关注公众号"书圈"下载配套资源。

资源下载、样书申请

书圈

图书案例

清华计算机学堂

观看课程直播